AF367895

MANUEL

DE

L'ÉLEVEUR DE VERS A SOIE

ET DE VERS A BOURRE DE SOIE

POUR LE MIDI DE LA FRANCE

PAR

LOUIS FABRE

DIRECTEUR DE LA FERME-ÉCOLE DE VAUCLUSE

Deuxième édition

Revue, corrigée et augmentée d'indications nouvelles
et de trois mémoires sur la production de la graine de vers à soie
et sur les moyens d'en arrêter la dégénérescence

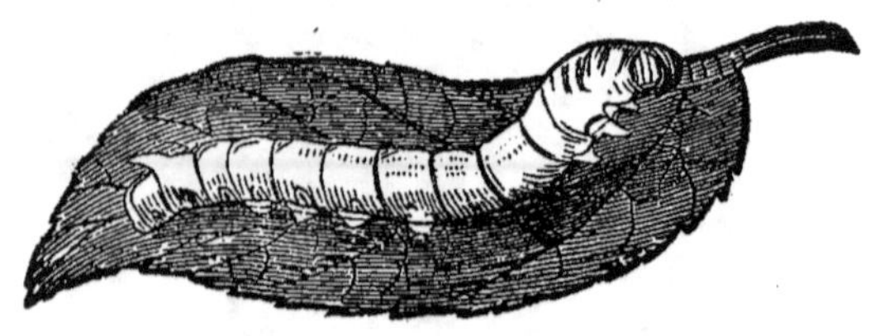

MONTPELLIER

GRAS, IMPRIMEUR-LIBRAIRE, ÉDITEUR

1861

MANUEL

DE

L'ÉLEVEUR DE VERS A SOIE

ET

DE VERS A BOURRE DE SOIE

DE L'AILANTHE ET DU RICIN

POUR LE MIDI DE LA FRANCE

> *S'il y a toujours des apôtres pour propager tous les genres d'erreurs....... pourquoi ne pourrait-il pas y avoir des hommes animés de l'amour de leur patrie....... qui s'intéressassent à la culture de l'art séricicole, si propre à nous rendre riches et heureux?*
>
> DANDOLO.

Rien n'est plus impérieux, dans l'art du magnanier, que *l'ordre, la propreté, les soins et une bonté continue pour les animaux.* Avec ces conditions, l'homme patient, tenace, observateur, peut arriver à de bons résultats; et celui qui joint à sa propre expérience la sensibilité d'un garde-malade, qui sent les besoins incessants d'un enfant alité, peut faire progresser la sériciculture, qui, dans beaucoup de contrées, est encore abandonnée à la routine.

L'introduction de *Bombyx mori* dans le midi de la France

date du xive siècle, époque à laquelle le pape Clément V transféra le Saint-Siége à Avignon. Les personnes venues à la suite de ce pontife furent les premières à planter le mûrier et à élever le ver à soie, que l'on ne connaissait pas avant leur arrivée. Ce fut en 1484 que l'industrie de la soie fut introduite dans le Dauphiné, sous le règne de Charles VIII, après la conquête de Naples, d'où le mûrier et le ver à soie furent apportés par les gentilshommes qui accompagnaient le monarque.

D'après les documents, la Chine serait le berceau de la sériciculture; elle y était déjà florissante l'an 2205 avant Jésus-Christ. Cette industrie pénétra en Europe sous le règne de Justinien, au vi^e siècle; ce furent, dit-on, deux moines de l'ordre de saint Basile qui, de retour d'un voyage en Perse, rapportèrent à Constantinople les premiers vers à soie, en les cachant dans leurs bâtons de voyage: « Il est difficile de comprendre que ces deux moines aient pu apporter des œufs intacts après un aussi long voyage fait à pied: peut-être ne venaient-ils pas d'aussi loin qu'on l'a cru [1]. »

Au ixe siècle, les Maures propagèrent dans les provinces espagnoles tombées en leur pouvoir cette riche industrie, qu'ils avaient déjà naturalisée le long des côtes d'Afrique. Les mêmes documents attestent qu'au xiiie siècle, la bombyci-culture, le filage des cocons et le tissage des étoffes étaient répandus en Calabre, et que de là cette industrie pénétra graduellement en Italie et en Savoie, vers 1300, sous le règne d'Amédée V, comte de Maurienne et de Savoie.

---

[1] Opinion de M. de Gasparin. — Un auteur byzantin attribue cette importation à un Persan.

Sur les sollicitations d'Olivier de Serres, Henri IV donna une vive impulsion à la culture du mûrier. On en planta en Languedoc, en Provence, en Touraine, et même dans le jardin des Tuileries. C'est par le fait de ces différentes étapes échelonnées que s'est opérée graduellement la transmission de notre race indigène et l'acclimatation du ver à soie, autant sous le rapport de la température que sous celui de l'alimentation.

CONDITIONS, DISPOSITIONS INTÉRIEURES ET AÉRATION D'UNE BONNE MAGNANERIE

Tout appartement destiné à une magnanerie doit être sec et sain. Les dimensions doivent être proportionnées à l'importance de l'éducation; toutefois il est démontré par l'expérience qu'il est dangereux d'agglomérer une trop grande quantité de vers à soie dans un même local, tandis qu'on s'est toujours bien trouvé de les mettre par atelier de 1 à 10 onces au plus, en laissant toujours le local plutôt plus grand que plus petit relativement à la quantité de vers obtenus à l'éclosion.

Une once de graine (qui représente 25 grammes, d'après l'usage généralement suivi dans le Midi) contient 30,000 vers à l'état d'œufs.

Si l'éclosion est parfaite, on doit préparer pour chaque once 24 mètres de superficie en canis ou claies, déduction faite des premiers et des derniers vers éclos; si, comme d'habitude, on perd un tiers ou un quart à l'éclosion, on se règle sur les proportions ci-dessus (1 mètre de superficie pour chaque gramme d'œufs, vulgairement appelés *graines*).

L'air pur est une des conditions principales de l'existence de tous les animaux; il assure le succès des vers à soie, tandis que l'air étouffé constitue une atmosphère malsaine, où les vers périssent malgré tous les autres soins de l'éducateur.

L'espace vide entre un rang de claies et un autre doit être de 1ᵐ,25 à 1ᵐ,50 au moins, et celui des claies aux murs, *contre lesquels il est imprudent d'appliquer des canis*, doit être de 1ᵐ,50 à 2ᵐ. Avec ces proportions, la masse d'air, étant considérable relativement aux vers, se vicie difficilement.

La distance d'une claie superposée à une autre doit être de 0ᵐ,50 à 0ᵐ,60, et l'espace laissé entre la dernière claie et le plancher, de 0ᵐ,80; si la magnanerie est établie sous une soupente, l'espace vide entre la claie et le toit doit être de 1ᵐ,25 au moins.

Le plus grand nombre des pièces que l'on destine à l'éducation des vers à soie a la façade exposée au midi; il est utile d'établir des ouvertures sur toute la hauteur de l'appartement, s'il est possible, aux deux expositions *nord* et *midi*.

Il serait heureux que le local qui sert de magnanerie fût précédé au nord ou au midi d'une autre pièce, soit pour modifier la vivacité des vents du nord, soit pour atténuer les effets fâcheux d'un soleil brûlant ; dans tous les cas, il est indispensable qu'il y ait des ouvertures au *nord*, au *sud* et à l'*est*, et jamais à l'*ouest*, pour avoir les moyens de chauffer, de rafraîchir et surtout de renouveler l'air.

Les ouvertures du midi, donnant directement dans la magnanerie, doivent être garnies à l'extérieur d'une jalousie en roseaux ratissés (d'environ 0ᵐ,037 de circonférence, laissant entre eux une distance de $0^m,003$ à $0^m,004$), qu'on relève par le moyen d'une corde, comme les paillassons. (*Voir la figure ci-après.*)

Autant la paille arrête la circulation de l'air, autant le roseau ainsi distancé procure une aération et un jour agréables.

Ces jalousies, de $2^m,10$ de longueur sur $1^m,20$ de largeur, reviennent à 0 fr. 80 c.

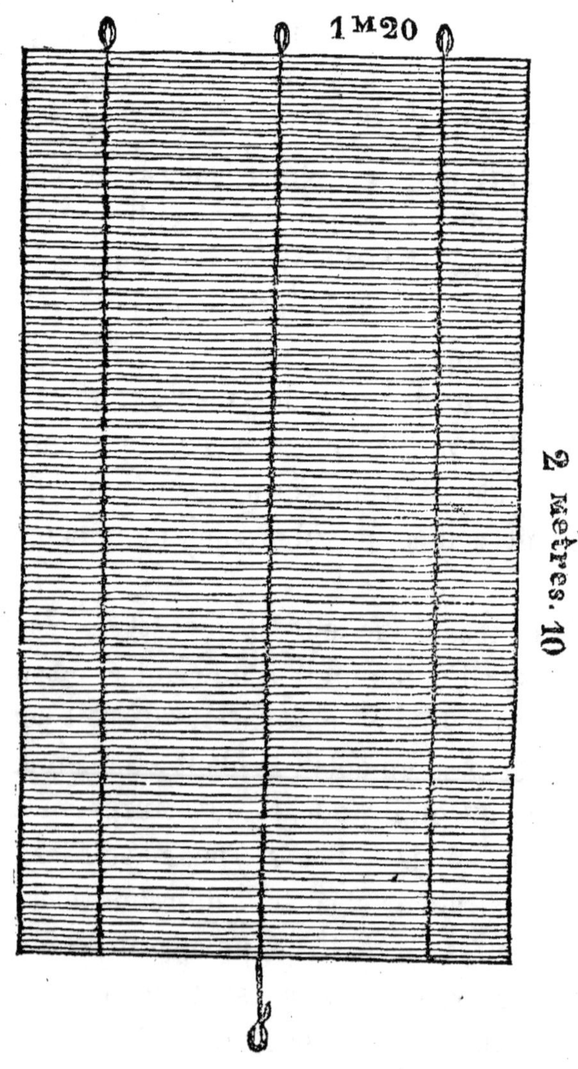

Si déjà des ouvertures au nord existent dans la magnanerie, les fenêtres doivent être établies de manière à pouvoir s'ouvrir de haut en bas, à l'aide d'une corde à poulie, pour que l'air n'arrive *jamais directement* sur les claies.

Si les fenêtres sont, comme d'ordinaire, posées sur les côtés, et qu'on ne veuille pas les modifier, il est indispensable qu'on applique, au dehors, des jalousies en roseaux conformes à celles décrites ci-dessus, pour les fenêtres du sud.

Il serait à désirer que nous fussions aujourd'hui assez avancés dans la pratique de l'art séricicole pour être amenés à parler du système de ventilation de M. d'Arcet. Ce perfectionnement, qui serait très-utile dans l'état épidémique dont est frappé le ver à soie depuis dix ans, n'est malheureusement pas à la portée de toutes les positions, et il serait à craindre que les dépenses que ce merveilleux système exige n'arrêtassent ceux qui veulent arriver au progrès, mais peu à peu.

Dans les pays secs et caillouteux, mieux vaut établir les magnaneries au rez-de-chaussée, tandis que dans les contrées humides, sujettes à l'arrosage, il est indispensable de les établir à un premier ou à un second étage.

Aux dispositions des fenêtres du nord, du sud et de l'est, mais *jamais du couchant*, les anciens auteurs et l'expérience prescrivent l'addition de trappes au plancher et d'ouvertures à la toiture. J'ai pratiqué ces dernières en enlevant deux tuiles que je remplace en dessous par une planche à bascule, qu'on ouvre et ferme à l'aide de deux petites charnières et d'un crochet. Ce mode d'ouvertures, placées dans les intervalles des claies, produit beaucoup plus d'effet que les tuyaux en poterie qu'on a l'habitude d'adapter aux toits.

Dans les moments de grandes touffes, il est utile d'arroser le sol avec la pomme d'arrosoir entre les claies, et *jamais au-dessous.*

Avant d'arroser, pour que l'évaporation de cette humidité soit subite et procure un mouvement dans l'air de la magnanerie, il est indispensable d'ouvrir toutes les ouvertures du bas, du haut et des côtés, sauf le cas où le temps est à l'orage et chargé d'électricité.

Le calorique, qui dilate tous les corps et par suite diminue leur pesanteur spécifique, donne à lui seul les moyens de renouveler l'air des magnaneries. L'air chaud cherchant à surmonter celui qui est à une température plus basse peut être, pour les personnes intelligentes et soigneuses, un puissant agent de ventilation.

Aussi un bon moyen d'aération consiste à établir, aux deux extrémités de la magnanerie, des cheminées d'appel à large tablier et à vaste conduit qu'on dispose à 2^m au-dessous de la soupente et dans lesquelles on brûle quelques fagots de broussailles deux ou trois fois par jour, suivant la température plus ou moins lourde de l'extérieur et plus ou moins saine de l'intérieur.

CHAUFFAGE

La température d'une magnanerie doit toujours être douce, modérée, telle enfin que l'homme s'y trouve agréablement; à cet effet, trois thermomètres doivent être posés à différentes positions de la magnanerie, et consultés régulièrement, pour que les vers n'éprouvent pas de transitions de chaleur subite ou de froid trop intense.

Des fourneaux en briques doivent être placés aux angles ou au tiers de la longueur de l'appartement, suivant ses dimensions.

Dans la supposition que la magnanerie ait sa longueur de l'est à l'ouest, il convient d'établir entre les deux fenêtres parallèles du midi et du nord un fourneau conforme au modèle ci-après, et une vaste cheminée contre les murs est et ouest. Ces fourneaux ont à leur partie supérieure 1^m,50 de tuyaux en tôle, et tout le reste du conduit en poterie, aboutissant à une cheminée placée au milieu de la longueur du mur.

Ces fourneaux, de 1^m,10 de hauteur,
sur 0^m,43 de largeur,
munis d'un orifice incliné au-dessus du foyer
de 0^m,38 de longueur,
sur 0^m,24 de largeur,
coûtent 4 fr. 35 c., somme répartie ainsi qu'il suit,

SAVOIR :

pour 48 briques réfractaires................. 1 fr. 25 c.
pour grille.................................. 1   75
pour tablier................................ 0   60
et pour façon............................... 0   75

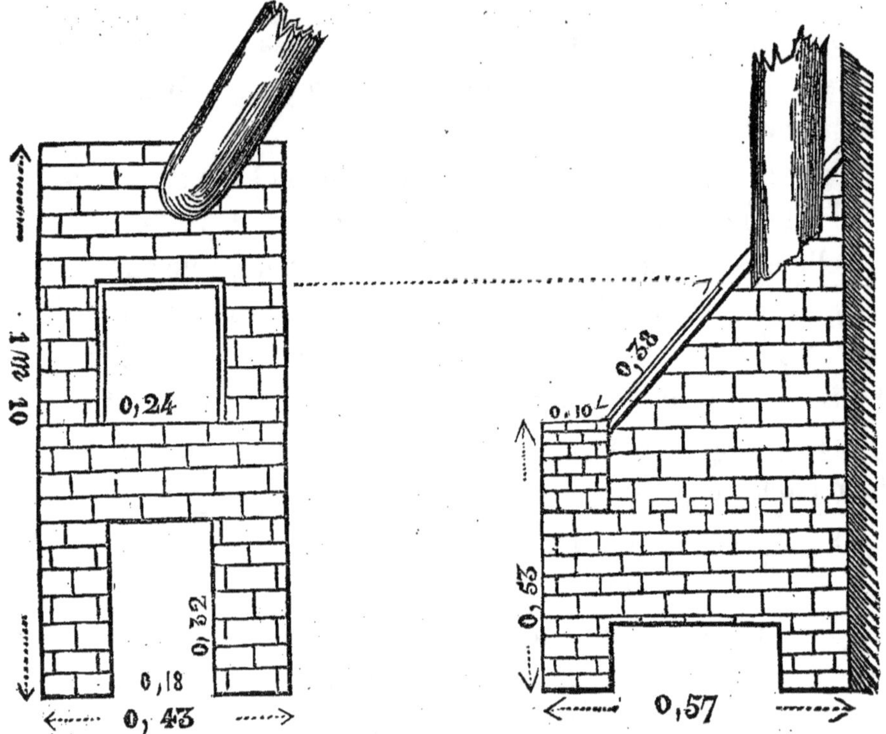

Je donne ces détails notamment pour engager l'éducateur à ne plus faire usage de poêles en fonte, dont la chaleur est aussi violente qu'elle est prompte et de courte
durée; tandis qu'avec la brique, le calorique, arrivant peu
à peu, se conserve plus longtemps et ne risque pas de donner des coups de feu, qui sont beaucoup plus dangereux
pour les vers que le froid lui-même.

MOBILIER DE LA MAGNANERIE

Ce mobilier se compose de canis ou claies, tablettes à
transporter les vers, filets et papier à délitement, planchers
ou galeries mobiles, sacs de toile, tabliers à poche, coupe-

feuilles, échelles, thermomètres et hygromètres, lampes à queue, dites *calèou*.

CANIS, OU CLAIES

Dans le Midi, la majeure partie des claies en usage est en roseaux fendus; le plus petit nombre est en fil de fer. J'ai employé les unes et les autres : celles en roseau ont l'inconvénient d'être fort lourdes (11 kil. environ), difficiles à déplacer, tandis que celles en fil de fer ne pèsent que 4 kilog. et peuvent être changées de place sans peine et sans danger, par une personne seule, de force très-ordinaire.

Outre l'avantage que les claies en fil de fer présentent sur celles en roseau sous le rapport de la légèreté, leur construction doit les faire préférer au point de vue hygiénique.

L'usage des claies en fil de fer exige qu'un papier fin et collé soit posé immédiatement sur le fil de fer pour y placer les vers; il est utile aussi d'en appliquer sur celles en roseau. Par ce moyen on délite plus facilement.

La circulation de l'air sous les claies en fil de fer absorbe l'humidité des litières plus efficacement que sous celles de roseau.

De plus, les miasmes et les crotins séjournant entre les roseaux aggravent souvent la situation maladive des vers.

Lorsque l'encabanage est terminé, l'air se trouve si resserré qu'il est besoin, plus que jamais, de lui laisser une libre circulation.

Le bord des claies en roseau est de 0m,40

celui des claies en fil de fer n'est que de $0^m,5$, ce qui doit faire préférer ces dernières.

Les claies en fil de fer coûtent à forfait 1 fr. 75 c., comme celles en roseau, et en les faisant peindre (ce qui augmenterait le prix de 0 fr. 20 c. à 0 fr. 25 c.), elles seraient plus durables, plus propres, plus agréables et plus commodes.

En voici un croquis :

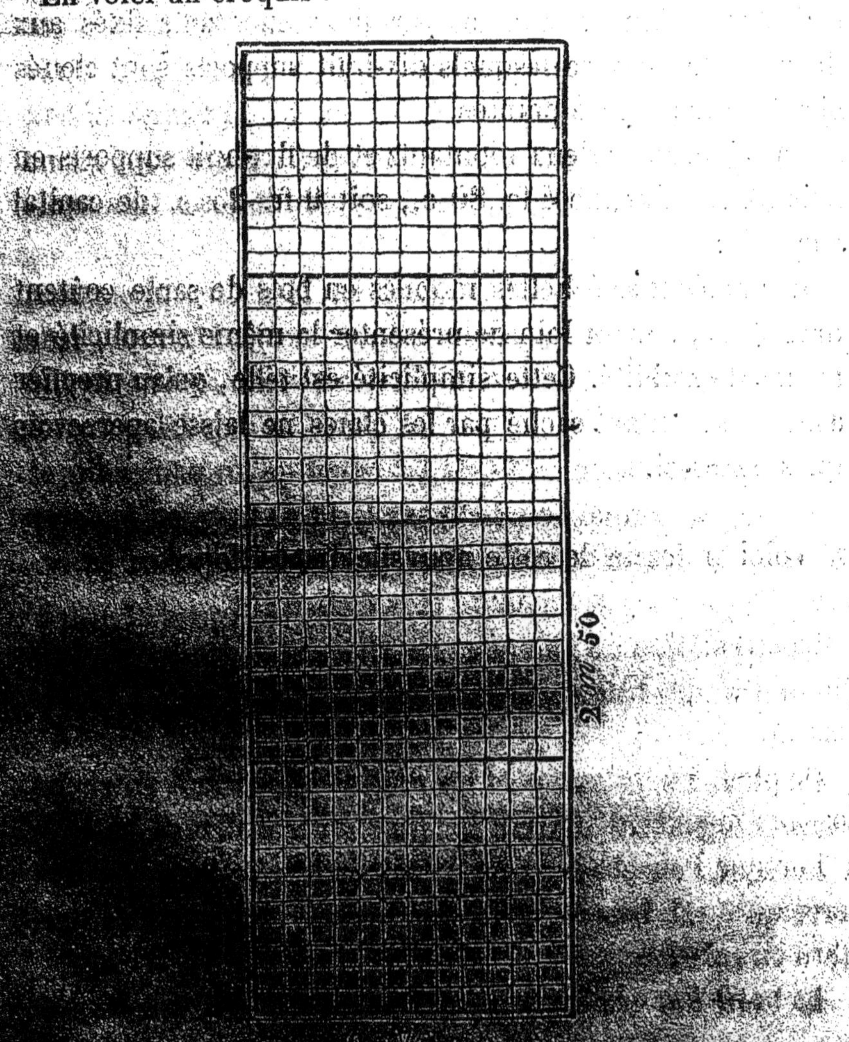

La pose des claies a lieu par leurs extrémités, sur des supports en bois du Nord de 0^m,07 de largeur, 0^m,02 d'épaisseur, et 1^m,60 de longueur, qui sont fixés sur un montant de 0^m,09 de largeur, 0^m,08 d'épaisseur, et 5^m de hauteur.

Je superpose neuf claies à 0^m,40 de distance, sauf celle du bas, qui doit être tenue à 0^m,60 au-dessus du sol, et la plus élevée à 0^m,80 au-dessous de la toiture. Dix-huit claies sont donc soutenues par deux montants fixés aux deux bouts, contre lesquels dix-huit supports sont cloués chacun avec quatre pointes.

La dépense de deux montants et de dix-huit supports en bois du Nord est de 4 fr. 80 c., soit 0 fr. 25 c. de capital par claie.

Les anciennes échelles mobiles en bois de saule coûtent davantage, et sont loin de présenter la même simplicité et autant de solidité. Cette simplicité est telle, qu'au premier aspect le montant caché par les claies ne laisse apercevoir ques celles-ci.

Voici le dessin de cette nouvelle disposition :

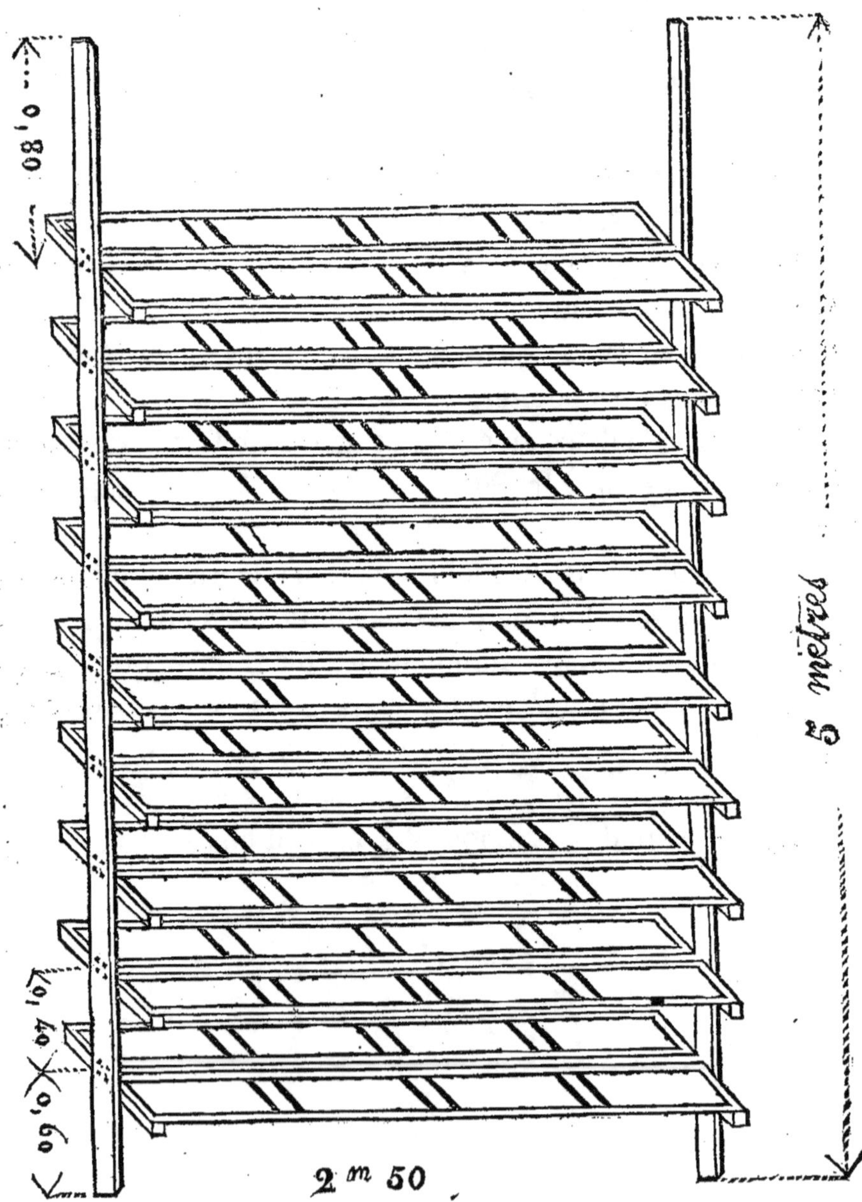

0,80
0,60
0,07
5 mètres
2 m 50

DÉLITEMENT

—

Papier à litière, tablettes à déliter, filets et papier percé.

Pour opérer avec facilité l'enlèvement de la litière des vers à soies, il est indispensable d'appliquer immédiatement sur la claie, comme il vient d'être dit, une feuille de papier fin et bien collé : l'utilité en est facilement démontrée quand on voit une seule personne, même un enfant, pouvoir sans peine et sans inconvénient rouler les litières de toute une claie dans cette feuille, les vider dans une corbeille et les transporter dans un lieu réservé pour les faire sécher, destinées qu'elles sont pour la nourriture des cochons notamment.

Ce mode de délitement laisse la claie dans un état de propreté parfaite.

Ce papier sans fin coûte le même prix que le percé ; pour en couvrir la claie, il n'en faut que 118 grammes ; ce qui porte la dépense à 0 fr. 12 c. par claie.

Ces divers papiers peuvent servir deux fois, à moins qu'une maladie contagieuse ne force à les brûler.

Des tablettes de $0^m,80$ de longueur sur $0^m,55$ de largeur, munies de bords sur les côtés et sur une des longueurs, servent à transporter les vers d'une claie sur une autre ; elles sont de la même longueur et de la même largeur que les papiers percés sur lesquels se trouvent les vers. Par le moyen de ces tablettes, pesant 1 kil. 8 hect., un enfant prend le bord du papier percé, le fait glisser dessus et enlève aisément un tiers des vers de la claie; ces tablettes coûtent 1 fr. 20 c.

Il est utile d'avoir aussi de petites tablettes carrées de 0^m,40 avec un bord de 0^m,01, pour transporter les bourgeons de feuille garnis de vers naissants; elles servent également à porter la feuille finement découpée pour les premiers jours de leur nourriture, ainsi qu'à enlever quelques vers là où ils sont épais, pour les porter là où ils sont trop clairs. Elles coûtent 0 fr. 80 c.

FILETS ET PAPIER PERCÉ

Les filets en fil de lin, que plusieurs auteurs avaient préconisés, ne présentent aucune consistance; lorsqu'on les prend par leurs extrémités, les vers et les débris de feuilles se ramassent dans le milieu.

Les vers attachent aussi leurs pattes contre les fils, et, si l'on veut placer ces filets sur des planches à déliter, ils s'agglomèrent sur le bord.

Ces filets sont, en outre, d'un usage très-incommode au moment où les cabanes sont faites.

A ces inconvénients il faut joindre la perte d'un temps précieux. Il convient donc mieux de recourir au *papier percé* à petits trous (de $0^m,01$) pour les premières mues, et à grands trous (de $0^m,02$) pour les autres mues.

Pour opérer avec facilité le délitement des vers, on coupe des bandes de *papier percé* de $0^m,80$ de longueur, ce qui forme le tiers de la longueur de la claie; la largeur du même papier est de $0^m,55$, comme celle de la claie. Au moment où l'on veut changer les vers à soie après leur mue, on pose soigneusement ces papiers sur les vers; on répand de la feuille dessus : après deux repas donnés dans cet état, on dépose ces papiers sur les tablettes à transporter, et on va les placer sur d'autres claies.

Les résultats obtenus à l'aide de ce perfectionnement sont au-dessus de tout éloge; en voyant dans nos campagnes combien les modes de délitement sont longs, difficiles, sales, malsains et préjudiciables aux vers par les meurtrissures qu'on leur fait, on peut juger quelles profondes racines y a implantées la routine.

Nos bons agriculteurs voient depuis longtemps, sur tous les marchés, des papiers à déliter; beaucoup en connaissent l'usage, et reculent plutôt devant l'innovation que devant la dépense. Il y a pourtant moins de routiniers. On ne comprend pas qu'il y en ait encore qui s'obstinent à patauger dans les crotins, quand on peut se procurer de ce papier de la longueur d'une claie pour 0 fr. 22 c.

Les papiers percés coûtent dans toutes les fabriques 90 fr. les 100 kilog., et chez les marchands papetiers, 1 fr. 10 c. le kilog.; la longueur nécessaire à une claie pesant 200 gram., la dépense s'élève, comme je viens de le dire, à 0 fr. 22 cent.

En nous dotant d'une amélioration aussi économique, M. Eugène Robert, son inventeur, a rendu un des services les plus grands à l'art séricicole; et pourtant, si l'on voulait approfondir cette ingénieuse invention comme beaucoup d'autres, ne pourrait-on pas s'étonner que les anciens éducateurs, qui se sont servis si longtemps de papier à très-petits trous pour les vers naissants, n'aient pas eu la même idée pour se procurer des avantages bien plus grands pendant toute l'éducation et par le même procédé? Ce mode de délitement est d'autant plus indispensable aujourd'hui, que, par le fait de délitements répétés et du choix scrupuleux de la feuille et des moyens d'assainissement, on peut combattre les ravages de la pébrine et de plus obtenir l'égalisation des vers.

BOISEMENT DES CLAIES

Les végétaux qu'on a le plus à sa portée servent pour boiser (ramer ou encabaner); c'est le genêt, le chêne vert, la bruyère, le tamarin, etc. Ils doivent être coupés et ramassés à l'avance.

On doit les faire sécher en partie, et, avant que leur dessication soit complète, il est utile de les presser contre un mur avec de fortes pierres ou planches et vers le milieu des tiges, pour leur faire prendre une courbure à l'aide de laquelle on formera plus aisément le berceau au-dessus de chaque claie.

Il est rigoureux que ces bois soient placés à l'ombre sous

un hangar ou abri quelconque ; car, s'ils restaient préalablement exposés au soleil, la grande quantité de calorique
qu'ils auraient absorbée, venant à se dégager dans la magnanerie, pourrait donner lieu à un résultat des plus fu-
nestes, surtout si on les introduisait dans le moment d'une
touffe ; l'expérience n'a que trop souvent sanctionné l'exac-
titude de ce qui vient d'être énoncé.

La confection des cabanes et la courbure à donner aux
ramières méritent une attention particulière.

La claie de 2ᵐ,50 de longueur doit contenir trois divi-
sions de 0ᵐ,80 chacune, exigeant ainsi quatre ramières.
On ne doit jamais mettre des *genestes* dans le fond des
canis. Les cabanes d'un canis doivent se trouver en face de
celles des autres, pour que l'air circule facilement.

Elles affecteront la forme d'une voûte, ne seront point
épaisses et ne dépasseront pas le bord des claies ; enfin on
les disposera de manière que les vers puissent s'y promener librement, sans être forcés de se placer les uns à
côté des autres, ou même de faire leur cocon de compagnie,
ce qui donne lieu aux cocons doubles.

Il faut aussi qu'en se promenant jusqu'à l'extrémité des
ramières, les vers ne puissent tomber par terre ; ce qui

arriverait si l'on n'avait l'attention de ne pas laisser dépasser les bruyères hors des canis.

A ce sujet, il est utile d'engager les éducateurs à se servir, pendant plusieurs années, des mêmes bruyères; après les avoir débarrassées de leurs cocons et avoir choisi les plus jolies, on les passe à la flamme pour les dépouiller de toutes les feuilles, de la bave, etc. On a de cette manière une ramière parfaitement courbe, dont le feu a consumé les sommités trop faibles, qui seraient un véritable piége pour le ver, vu que souvent il marche tant qu'il trouve un léger point d'appui.

L'ingénieuse idée de la coconnière d'Avril[1] m'avait donné celle d'en fabriquer avec des liteaux de bois de $0^m,008$ d'épaisseur, avec lesquels j'avais formé un carré·long dont la largeur égale celle des claies, et la hauteur l'intervalle qui sépare les claies l'une de l'autre; j'avais dévidé autour de ces carrés des fils de chanvre ou de poil de chèvre. Les vers s'y enfermaient avec plaisir et de préférence même aux genêts; mais, avant la formation du cocon, le ver, jetant sa bourre contre les fils, formait une barrière impénétrable pour ceux qui tentaient de nouveau d'y entrer.

Il est très-pénible de voir, au moment de la montée, tomber à tout instant les vers qui courent sur les bords des claies; pour obvier à cet inconvénient, sujet de désolation réelle pour le bon et soigneux éducateur, j'adapte contre les bords des claies les plus basses une gorge en forte toile d'emballage, sur laquelle le ver, venant à tomber, ne

---

[1] **Le prix élevé de cette coconnière pour nos petits éducateurs me dispense d'en donner ici la description.**

risque pas de se blesser, et d'où il sort difficilement à cause de la bourre.

COUPE-FEUILLES, THERMOMÈTRES, HYGROMÈTRES
ET LAMPES A QUEUE

On reconnaît généralement qu'il est avantageux de couper la feuille de mûrier pour la nourriture des vers à soie, et pourtant un grand nombre d'éducateurs n'usent de cette pratique, faute d'avoir les engins nécessaires, que pendant le premier âge : la feuille découpée se répand plus également et débarrasse les litières des fortes tiges contre lesquelles elle adhère ; elle procure aussi une notable économie. Plusieurs éducateurs la coupent jusqu'au quatrième âge ; mais les plus habiles le font pendant toute l'éducation, tellement ils apprécient, surtout au cinquième âge, l'utilité de distribuer bien également la feuille !

Faute de coupe-feuilles, on peut faire usage d'un hache-paille qui coupe un peu moins de feuilles que l'ingénieux instrument de M. Damon, mais qui la divise tout aussi bien.

Il est impossible de se passer de thermomètres pour la bonne conduite d'une magnanerie ; on doit en placer à différentes positions et hauteurs, pour juger des diverses températures de l'appartement. Les thermomètres coûtent de 1 fr. à 1 fr. 50 c.

En bonne règle, on doit avoir un thermomètre à *minimâ* et *maximâ*, pour que le propriétaire puisse se rendre compte si le magnanier, pendant la nuit, n'a pas fait trop de feu (par le *maximâ*) et pas assez (par le *minimâ*). Ces thermomètres, posés dans une petite caisse incrustée dans le mur et garnie d'un cadre en fil de fer et d'une serrure, mettent le propriétaire à l'abri des tentatives frauduleuses. Les éducateurs soigneux devraient se pourvoir aussi du thermomètre électrique, inventé par M. Fleury, serrurier à Avignon. Il serait très-utile pour le magnanier trop enclin au sommeil.

Les hygromètres devraient exister dans toutes les magnaneries, dont l'humidité ne doit jamais dépasser 70 degrés, sauf pour l'éclosion et pendant le premier âge, époques auxquelles on doit la porter jusqu'à 80 degrés ; la difficulté est d'en trouver de bons, même à des prix élevés.

La prudence exige qu'on ne donne jamais à manger aux vers pendant la nuit : le dernier repas doit avoir lieu à huit heures du soir, et le premier à quatre heures du matin. Dans une magnanerie importante, il est quelquefois impossible de terminer un repas dans l'espace d'une heure, et l'on est forcé de faire la dernière distribution à la lumière. Je me sers à cet effet de lampes à queue (en patois, *calèou*), à chacune desquelles j'adapte un capuchon mobile, ayant un avancement de 0^m, 15, dans le but de préserver du feu la claie sous laquelle brûle la mèche éclairante.

Pour que l'on ne place pas la lampe sur les vers ou sur le bord des claies, comme cela n'arrive que trop souvent par la négligence des ouvriers, j'ai fait souder, à la partie extérieure du fond de chaque lampe, un petit cône renversé. La lampe, ainsi construite en fer-blanc, coûte 50 centimes.

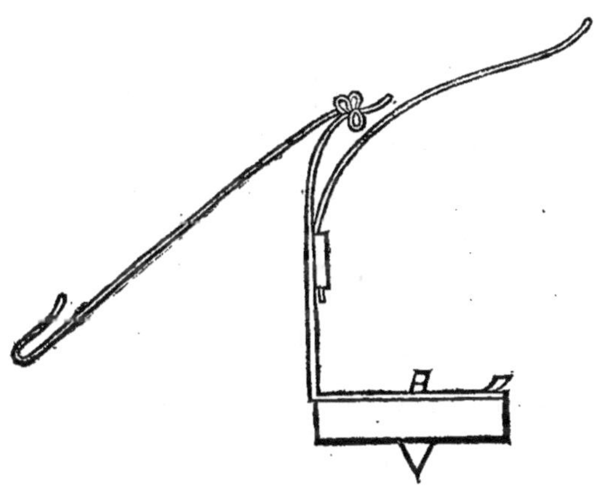

PLANCHERS MOBILES

Dans les grandes magnaneries, la hauteur des claies superposées et le peu d'espace des vacants empêchent parfois de pouvoir répandre la feuille sur les canis les plus élevés; on pose dans ce cas, sur la largeur de la magnanerie, des refendus destinés à soutenir des planches mobiles ou fixées, pour avoir le moyen de donner plus facilement à manger aux vers des claies supérieures. Les échelles nécessaires au service des cinq à six claies inférieures suffisent pour monter sur ce deuxième étage.

SACS DE TOILE, TABLIERS A POCHE

Les sacs consacrés à la cueillette de la feuille doivent être munis d'un cercle et d'un crochet en bois, qu'on fixe à la branche d'un arbre ; on peut les bourrer sans crainte par économie de temps, à la condition qu'ils soient vidés immédiatement, et que la feuille soit ensuite bien battue et placée dans un endroit frais, en couches qui ne doivent jamais avoir plus de $0^m,30$ d'épaisseur ; elle doit être secouée au moins deux fois par jour.

Les tabliers à poche sont aussi commodes pour cueillir la feuille sur l'arbre que pour la donner aux vers. L'ouvrier a toujours ses deux mains libres : l'une pour se tenir à l'arbre ou à l'étagère, et l'autre pour le travail.

Ces tabliers sont suspendus au cou ou attachés à la ceinture.

Les poches doivent avoir $0^m,45$ de largeur, sur $0^m,40$ de profondeur, arrondies par le bas.

QUALITÉ DES ŒUFS
ET SOINS A PRENDRE AVANT LEUR ÉCLOSION

Une malheureuse expérience nous a démontré que depuis 1852, notamment, une épizootie désastreuse a atteint toutes les races de vers à soie, et qu'après avoir sévi en premier lieu sur nos races indigènes, elle a envahi l'Italie, l'Espagne et graduellement toutes les contrées de l'Orient et aujourd'hui même l'Asie. Nous insérons, à la fin de notre Manuel, trois mémoires qui ont été publiés en 1852, 1859 et 1860, et qui traitent de la question de la dégénérescence, de ses causes probables et des moyens à tenter pour remédier au mal dans les éducations actuelles et dans celles à venir. Doit-on attribuer l'altération des œufs de vers à soie indigènes et de ceux des pays étrangers à l'insuffisance des soins minutieux qu'exige leur formation, ou à leur détérioration à la suite de la mauvaise qualité des feuilles de mûrier, produite soit par la fréquence de gelées tardives, soit par la taille courte et vicieuse des arbres? Faudrait-il s'en prendre aux intempéries devenues plus fréquentes, à l'absence de pluies régulières, ce qui prive probablement la graine de cette élasticité si utile aux règnes animal et végétal, ou bien enfin au peu de soin que l'on apporte à l'incubation de la graine, ainsi qu'à élever des reproducteurs sains et robustes?

La généralité de nos éducateurs a adopté les œufs de provenance étrangère, que les vendeurs ne livrent que vers l'approche du printemps. Les inconvénients que présentent les variations violentes et subites de la température devraient engager l'acheteur à se faire faire livraison de la graine à la fin de l'automne, pour la garder en hiver dans des lieux tempérés et lui donner de l'air au moins une fois par mois. Il serait plus opportun que les œufs fussent livrés et conservés sur les toiles qu'on suspend au plancher d'un appartement à température moyenne et qu'on déroule par intervalle.

Nous ne partageons pas l'opinion de quelques personnes qui soumettent les œufs à un lavage dans de l'eau ou du vin, afin de séparer les mauvaises graines des bonnes; car nous savons par expérience qu'une bonne partie des graines fécondées surnage au-dessus de l'eau, comme les mauvaises graines.

Nous ne saurions trop recommander à chaque éducateur de s'attacher principalement à élever de bons reproducteurs, pour leur faire produire les œufs nécessaires à leur provision, en suivant les moyens indiqués dans nos mémoires précités et insérés à la fin du présent volume.

Dès le commencement de mars, il est utile de placer les œufs destinés à l'incubation dans un autre appartement où il n'y ait pas de feu, et dont les fenêtres soient ouvertes de temps en temps; il faut, vers la fin de mars, ouvrir les toiles ou les boîtes les contenant, pour les habituer graduellement aux impressions atmosphériques. Si des chaleurs précoces et passagères se font sentir, on n'ouvrira pas les fenêtres. Dès l'arrivée du printemps, et dès le début de la végétation des mûriers, on introduira, matin et soir, l'air extérieur par toutes les ouvertures. A l'aide de ces soins, on a rempli une des conditions les plus impérieuses pour une bonne éducation : celle de l'uniformité de l'éclosion, celle aussi d'avoir des vers plus robustes en les préservant des changements trop brusques de température, essentiellement nuisibles aux germes.

Les inconvénients auxquels on s'expose en faisant arriver de l'étranger des œufs de vers à soie à la veille de leur éclosion sont assez bien compris pour décider l'acheteur à se les faire livrer en décembre, ou à défaut dans le courant de février. *La réussite d'une éducation séricicole n'est que la conséquence de petits soins continus.*

Il est incontestable que les éducations précoces sont toujours les meilleures, c'est-à-dire celles qui réussissent le plus facilement; les vers mangent une feuille plus tendre et plus en rapport avec la délicatesse de leurs organes; ils évitent ainsi les grandes chaleurs de juin. Toutefois, quand

la végétation et très-précoce, il est prudent de conserver
une partie des œufs pour le cas où les gelées d'avril détrui-
raient les bourgeons des mûriers. Pous éviter ces sortes d'accidents, il convient d'avoir des mûriers plantés *au nord* d'un
bâtiment; ces arbres n'étant pas autant exposés aux variations atmosphériques, ni aux absorptions solaires, évitent
la plupart du temps les dégâts du gel. Il convient aussi d'en
planter à l'abri sud des bâtiments qui d'habitude ne sont
atteints que par les gelées intenses; on pourrait aussi mettre
les plantations du sud à l'abri des dégâts atmosphériques
en les couvrant, avant le lever du soleil, d'un drap léger.
Au cas où tous ces moyens ne pourraient garantir les arbres
d'une suspension de végétation, il ne faudrait pourtant pas
se laisser aller au *découragement* et jeter les vers, dont les
œufs ont aujourd'hui une grande valeur. On pourrait, dans
ce cas, donner une fois par jour des laitues ou des feuilles
de scorsonnère : les chenilles savent jeûner et peuvent
attendre, au moyen de petits soins, pendant ces quelques
jours de suspension de sève.

En effet, peu d'insectes supportent la privation de la
nourriture aussi facilement que les larves[1] des lépidoptères
ou *chenilles;* nous citons un exemple à la page 52 qui corro-
bore le proverbe patois, *pati coume lei caniou.* Dès que
les bourgeons des mûriers ont repoussé, on reprend ce

---

[1] Le mot larve signifie *masque*; c'est le premier état de la vie de
l'insecte. Vulgairement on les qualifie du nom impropre de *ver;* c'est
ainsi qu'on désigne sous le nom de *ver blanc* la larve du hanneton,
et de *ver à soie* celle du *bombyx mori.* On prétend que certaines
larves sont excellentes en friture. Un de nos amis, entomologiste
fort distingué et fort gourmet, m'a assuré avoir trouvé excellentes
les larves du hanneton, apprêtées soit à la friture, soit en sauce
blanche.

mode préférable de nourriture, en les y soumettant peu à peu pour ne pas les exposer à des indigestions. Ces sortes d'indispositions sont très-fréquentes et très-dangereuses chez le ver à soie, qui n'a d'autre moyen d'exsuder les matières aqueuses que par les pores de la peau.

QUALITÉ DE LA FEUILLE

ET MOYENS DE LA RENDRE PLUS PROPRE A LA NOURRITURE DES VERS A SOIE

Depuis près de quinze ans, le ver à soie est atteint notamment d'une affection d'épuisement, de rachitisme, qui paraît avoir sa cause dans le peu de soin apporté à l'élève des reproducteurs, à la conservation des œufs, dans le peu de salubrité des magnaneries et enfin dans le choix peu judicieux des feuilles de mûrier. Le troisième mémoire publié par nous sur ce même sujet, en août 1860, expose des craintes détaillées, que nous insérons ci-après ; nous nous bornerons à citer les bases principales d'une bonne alimentation pour le *bombyx mori*. Il est reconnu que la feuille de mûrier est composée : 1° de matière fibreuse, partie persistante de la feuille, qui sert de véhicule aux substances nutritives ; 2° de matière aqueuse, dont la surabondance est d'autant plus nuisible aux vers à soie qu'ils n'ont d'autres moyens de s'en débarrasser que par la transpiration ; 3° de matière sucrée, seule partie nutritive de la feuille ; 4° et enfin de substance résineuse, qui constitue le principe de la sève. On ne saurait contester que les produits obtenus de n'importe quelle race d'animaux sont toujours en raison de la qualité des aliments avec lesquels ils ont été nourris ; il convient donc de rechercher la nourriture qui convient le mieux à l'alimentation et à la constitution du ver. La feuille qui est obtenu par le mûrier blanc, aujourd'hui le plus répandu dans les contrées du Midi, est d'une consistance pernicieuse pour la santé du *bombyx ;* elle contient un excès de matières aqueuses dont le ver ne peut se débarrasser que très-difficilement, qui lui occasionnent des indigestions et qui le rendent souvent hydropique. Ces altérations, qui, par leur renouvellement, atteignent profondément la constitution du ver, paraissent être la cause de cet état d'épuisement devenu congénial, et qu'on a appelé dès le principe *maladie des petits,* ensuite *gattine* (en Italie, *gattine* ou *petit-chat*), et plus tard *pébrine.* La première dénomination (maladie des petits), que la masse des éducateurs ne donne point sans raison, nous confirme dans l'opinion que nous avons émise, que cette affection toute nouvelle et si désastreuse prend sa cause principale dans les altérations successives que l'*hydropisie* entraîne après elle ; car la maladie des petits, *luisant, luzette* ou *luisette,* était connue bien longtemps avant la *gattine.*

Cette affection se déclare vers la troisième mue ; le ver finit par perdre complétement l'appétit, sa croissance est arrêtée, et il meurt avant la quatrième mue. On trouve notamment des *vers petits* dans les éducations tardives. La consistance trop coriace de la feuille n'étant, dans ce cas, plus en rapport avec la délicatesse des organes affaiblis des jeunes larves, leur digestion devient difficile, et, l'assimilation ne se faisant pas, le mal prend alors des proportions désastreuses par le fait d'une nourriture insuffisante et indigeste ; ces vices s'étant maintenus depuis fort longtemps, cette maladie accidentelle s'est transformée en *atrophie* et a pris un caractère constitutionnel. Nous ne saurions donc trop insister sur l'importance du choix, dès la naissance des vers, des feuilles de mûrier sauvage ou de mûrier rose, dont 700 kil. représentent en rendement 1,000 kil. de feuilles de mûrier blanc, soumis à une taille courte. Pour rendre la feuille de cette dernière qualité moins dangereuse et graduellement convenable à la santé de notre précieuse larve, nous engageons l'éleveur à consulter le mode de taille et d'assainissement proposé dans notre troisième mémoire.

INSECTES NUISIBLES AUX VERS A SOIE

Sous le nom d'insectes, on comprend les animaux sans vertèbres ayant le corps et les pieds articulés; qui ont des antennes, des mâchoires transversales et souvent des ailes. Les insectes n'ont pas de moyens de circulation ; ils respirent par des trachées-artères, canaux latéraux qui portent l'air aux poumons, et qu'on appelle *stigmates ;* aussi les matières grasses et huileuses qui s'appliquent contre les trachées font-elles périr les insectes, en les privant des moyens de respiration. Ils sont toujours ovipares, et soumis à des modifications diverses avant d'arriver à l'état d'insecte parfait. Leur corps est composé de trois parties : 1° la tête, portant une paire d'antennes, des yeux immobiles, et la bouche garnie de parties fort variables sous le rapport de la forme et sous celui du nombre; 2° le tronc, divisé en trois parties qui portent chacune deux pattes articulées, et au-dessus deux ou quatre ailes ; 3° le bas-ventre (abdomen), composé de quatre à dix segments.

Le *bombyx mori* n'est insecte parfait que lorsqu'il est arrivé à l'état de papillon.

Nous parlerons en premier lieu des ennemis du ver à soie, ensuite de ceux des cocons, et en dernier lieu de ceux des mûriers, tant parmi les insectes que parmi les autres animaux.

Araignée. — Elle dévore le ver à soie dans les premiers âges seulement. Surveiller son existence dans toutes les cavités, angles, meubles et toitures. Un lait de chaux passé sur toutes les parties de la magnanerie les fait fuir.

Babarote (blatte). — Insecte nocturne, brun, luisant, aplati. Boissier de Sauvage dit, dans son *Traité de magnanerie :* « J'ai appris à mes dépens le danger qu'il y a de mettre à la portée des *blattes* les jeunes vers à soie et les graines, dont elles font un grand régal. » Mêmes précautions, mêmes soins, même salubrité pour les combattre.

Fourmi. — Insecte hyménoptère de la section des porte-aiguillon. Il y a dans cette famille les mâles, les femelles et les neutres ; ces dernières sont sans ailes, et ne servent qu'à faire les provisions, à élever les petits et à construire leurs habitations. Les provisions qu'elles font en été n'ont d'autre but que celui de se mettre pendant leur engourdissement à couvert des fortes gelées, par le calorique que dégagent pendant l'hiver les matières putrescibles qu'elles ont entassées. Cet insecte ravage les champs et les magnaneries ; quand la négligence y autorise leur introduction, elles font de grands dégâts, surtout pendant les premiers âges du ver à soie. Bouchez les moindres ouvertures, fermez-les si besoin est avec de la laine ; brûlez ou ébouillantez les traces.

Guêpe. — La guêpe commune du Midi (*polistes gallica*) pique et dévore les larves du *bombyx mori*. L'éloignement de cet insecte est d'autant moins difficile à opérer, que sa présence dans l'atelier est constatée par un léger bourdonnement. Des bouteilles remplies d'eau miellée et pendues au plancher en détruisent une bonne partie.

Rat et souris. — Ces rongeurs, ainsi que le campagnol et le mulot même, malgré sa grosseur, envahissent pendant la nuit surtout les magnaneries [1], et mangent avec avidité les vers à soie pendant tous les âges ; ils attaquent même les cocons, dont ils dévorent la chrysalide. Si les réparations faites avant l'établissement de la magnanière ne sont pas suffisantes, visitez et réparez les plus petites ouvertures, celles de la toiture notamment, et, pour tuer ces animaux malfaisants, employez la pâte phosphorée, de l'arsenic ou du carbonate de baryte mêlés à des substances appétissantes.

Anthrine (genre de coléoptère). — Cet insecte, à l'état de papillon, prend son existence sur les plantes en fleur, et à l'état de larve fait de grands ravages sur les cocons. S'en défier constamment.

Dermeste, mange-tout. — Insectes coléoptères dont les larves ont des mâchoires capables de ronger les substances les plus coriaces ; ils dévorent sans peine les cocons, sans attacher beaucoup d'importance à la chrysalide.

Les précautions à prendre contre ces deux coléoptères intéressent davantage le filateur de soie que le magnanier.

---

[1] On dit aussi *magnanière, magnänderie*.

Mite. — Cette dénomination est appliquée à un grand nombre de petits insectes imperceptibles, et à plusieurs espèces du genre *acarus*. Ils attaquent les cocons et font beaucoup de ravages, si l'on n'a pas le soin d'étendre, frotter, battre et donner de l'air aux provisions de cocons.

Forficule. — Cet insecte, de la famille des coureurs, connu sous le nom de *perce-oreilles*, cause de grands dégâts dans les endroits frais et humides ; il attaque les fleurs et les fruits, les bourgeons du mûrier, ainsi que la partie la plus tendre de son scion. Sa morsure est souvent mortelle. Nous avons employé avec succès l'eau ammoniacale des usines à gaz répandue au pied des mûriers.

Courtilière ou *taupe-grillon.* — Elle attaque les jeunes plants de mûriers et y cause des dégâts très-importants. On doit surveiller d'autant plus la présence de cet insecte orthoptère dans les jardins, qu'il attaque presque toutes les plantes et que sa multiplication est des plus abondantes ; une femelle ne pond jamais moins de trois cents œufs. Pour les détruire, on répand dans les trous des courtilières une certaine quantité d'eau mêlée à de l'huile la plus commune ; l'insecte, chassé de son habitation par l'eau, veut se présenter à l'orifice pour respirer, et, si ses trachées-artères se trouvent alors en contact avec un corps huileux, la vie lui manque. D'autres praticiens placent des godets vernissés et à demi pleins d'eau, enterrés dans le sol à la hauteur des conduits de la taupe-grillon, qui, pendant ses excursions, trouve ainsi la mort dans le fond du pot dans lequel elle se précipite. Le moyen qui nous a paru le plus puissant, dans notre pratique, a été de faire pendant l'hiver, dans les carrés infestés de cet insecte rongeur, des fossés de $0^m,50$ de profondeur, que l'on remplit de gros fumier ; la courtilière s'y loge et y pond de préférence, et au printemps on détruit les mères et les œufs en enlevant le fumier.

CHAMBRE D'ÉCLOSION ET COUVEUSES

L'infériorité des succès séricicoles de quelques contrées du Midi, par rapport à ceux des départements de l'Ardèche, de l'Isère, même pendant l'épizootie qui frappe le bombyx depuis une quinzaine d'années, provient en général du peu de soins qu'on apporte pendant toutes les phases de l'éducation des vers à soie, des mauvaises méthodes d'éclosion, ainsi que de la température plus variable.

Quand les œufs de vers à soie, avant et pendant leur éclosion, ont eu graduellement l'air, la chaleur et l'humidité convenables, et que les vers, à leur naissance, ont reçu des repas souvent répétés et proportionnés au degré de chaleur qu'on leur donne, ils acquièrent une forte constitution, indispensable à l'accomplissement prospère de toutes leurs phases.

On peut attribuer en grande partie l'inégalité des vers et les suites fâcheuses de l'éducation à une éclosion irrégulière et mal faite.

M. Dandolo ajoutait, à juste titre, une si haute importance à l'éclosion des vers, qu'il engageait les administrations départementales et municipales à faire établir dans chaque pays une étuve commune, et à côté une chambre pour y placer des vers venant de naître. Ce serait un moyen beaucoup plus sûr et d'autant plus économique qu'avec une dépense de 100 fr. au plus, que les éducateurs de chaque commune payeraient entre eux, on pourrait faire éclore des milliers d'onces de graines. On commencerait alors, disait-il, à naturaliser l'art séricicole, base de tant d'autres.

Pour les éducations au-dessus de 10 onces (250 gram.), il est utile de mettre à éclore dans un petit appartement aéré et bien éclairé : c'est ainsi que je le pratique moi-même pour 20 onces (500 gram.).

Je place, au milieu d'une petite pièce de 3^m de longueur environ, sur 2^m,50 de largeur, un poêle en fonte *entouré de briques*, pour que la chaleur, ni trop prompte ni trop forte, soit plus soutenue. Un vase plein d'eau est continuellement tenu sur le poêle et à l'état de légère ébullition.

Je dispose, autour de cette petite pièce, un rang de claies, sur lesquelles je place des papiers forts et bien collés, pour recevoir les diverses qualités d'œufs que j'ai à faire éclore ; cette pièce est chauffée quelques jours avant d'y mettre les œufs, pour que, les murs étant pénétrés de calorique et l'air ayant été amené à 15 degrés, la température s'y maintienne plus régulière.

Un soupirail est pratiqué au plancher pour le renouvellement indispensable de l'air.

Pour les petites éducations, on peut se servir d'une petite caisse ou placard, ayant 1^m ou 0^m,75 environ de hauteur, sur 0^m,50 ou 0^m,75 de largeur, garnie sur le devant d'un petit châssis vitré pour donner du jour et surveiller l'éclosion.

Cette caisse doit avoir, aux deux tiers de sa hauteur intérieure, une étagère percée de beaucoup de très-petits trous, pour le passage de la chaleur humide.

Sur le fond de ce petit buffet ou de cette caisse, on place une lampe allumée, sur laquelle doit se trouver suspendue une terrine remplie d'eau ou de sable mouillé ; ce plat, ou terrine, doit être fixé sous l'étagère au moyen d'un crochet, et distancé de $0^m,25$ de la lampe comme de l'étagère.

Pour abaisser ou élever la température, on ouvre ou l'on ferme un plus ou moins grand nombre des trous pratiqués sur le haut et le bas de la couveuse ; on peut aussi arriver aux mêmes modifications en élevant ou en abaissant la mèche de la lampe.

Un thermomètre doit être placé dans cette couveuse, pour guider régulièrement la chaleur.

On doit aussi faire quelques trous au-dessus de la caisse ou sur la traverse de devant du placard, pour renouveler l'air à volonté. — Prix : 5 à 6 fr.

Cet incubateur économique, à la portée de tous les petits éducateurs, est un diminutif de l'ingénieuse couveuse de M. Liron d'Airolles, très-propice pour les éducations de 5 à 10 onces de graines, et dont le coût est de **18** à **24** francs. Quelques praticiens reprochent à cette couveuse de n'avoir pas assez d'air et trop d'humidité. En voici la description :

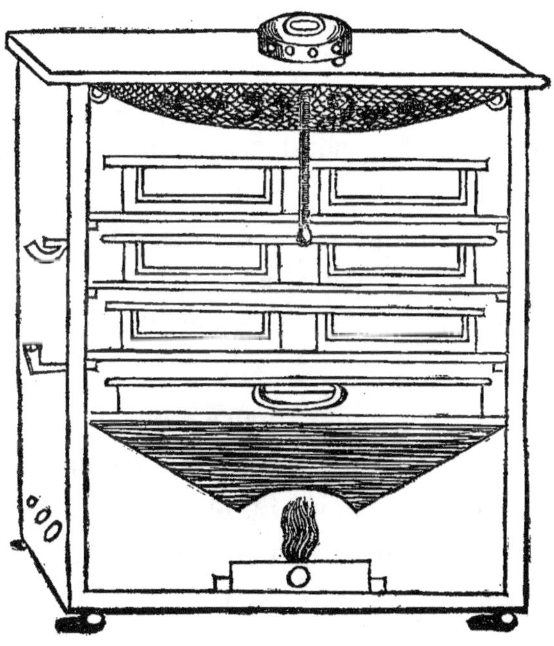

Cette boîte, de $0^m,60$ de hauteur sur $0^m,40$ de largeur et $0^m,25$ de profondeur, peut servir à l'éclosion de **10** à **15** onces ; elle est construite en ferblanc ou en bois blanc non peint ; le couvercle à charnière se ferme au moyen de deux crochets.

Trois rayons de cadres mobiles, garnis d'une toile métallique ou d'un canevas, reçoivent chacun deux boîtes dans lesquelles on place la graine. On pourrait garnir le devant de chaque boîte d'une vitre.

Au-dessous des cadres, est un petit bassin plat, mobile, en ferblanc, occupant toute la surface de la couveuse.

Ce bassin reçoit l'eau pour entretenir l'humidité de la couveuse.

Dans le bas de la couveuse sont ménagés de petits trous pour le renouvellement de l'air. C'est en ouvrant ou en fermant ces trous et en rendant la lampe plus ou moins ardente, que le calorique peut être augmenté ou diminué.

Sous le grand couvercle de la couveuse, on tend un filet pour recevoir une carde de coton destinée à absorber l'humidité chaude qui se dégage dans l'intérieur de la couveuse.

Il importe de maintenir dans ces couveuses un degré constant de température et d'humidité.

Un thermomètre est placé vers le milieu.

Le petit buffet que je propose pour les éclosions peu considérables offrirait les moyens d'égaliser plus facilement la température. Pour l'une comme pour l'autre de ces deux couveuses, il faut bien faire en sorte qu'il n'y ait pas de différence entre la température de leur intérieur et celle de l'appartement.

Je ne parlerai, dans les tableaux ci-après, que de la *chambre* d'éclosion; les mêmes indications sont applicables aux couveuses et aux autres procédés connus.

On ne saurait trop recommander de ne plus recourir à la chaleur humaine, en plaçant des sachets de graines soit sur le corps, soit dans le lit: au lieu de trouver à leur naissance un air pur et sain, les vers ainsi éclos ne peuvent se mouvoir, respirent avec peine au milieu des miasmes, arrivent subitement au grand jour et à une température très-inférieure, après s'être débattus et roulés contre un linge qui a absorbé l'humidité de leur corps.

A ces inconvénients s'ajoute la fatigue qu'éprouve l'animal pour arriver au-dessus d'une masse d'œufs ou de vers, qui pèsent proportionnellement autant sur son corps que le poids d'un homme pèse sur un autre.

Plusieurs éducateurs peu soigneux ne donnent pas assez d'ampleur aux sachets ; dès lors, au moment de l'éclosion, le volume du ver et de l'œuf venant à doubler, il y a pression, asphyxie, ce que la négligence qualifie de mauvaise graine, ou graine brûlée.

Je ne parle pas de l'usage funeste de faire éclore dans le fumier ; il est abandonné aujourd'hui.

De tous les vices d'éclosion dérive un nombre infini de maladies dans tout le cours de l'éducation.

Dès que les mûriers commencent à porter, à l'extrémité de leurs tiges, des feuilles de la grandeur d'une pièce de deux francs, il faut se hâter de faire éclore.

Réservez dans un lieu frais une certaine quantité de graines, dans la prévision d'une gelée tardive.

PREMIÈRE PÉRIODE

—

INCUBATION

Ordre, propreté,
soins sympathiques pour les animaux.

Les œufs, qui ont été graduellement habitués à la température extérieure, seront portés dans la salle d'éclosion dès que le calorique y aura atteint 15 degrés.

On les répandra sur les claies ou étagères disposées à cet effet, et recouvertes d'un papier fin collé. Leur épaisseur doit être bien égale, et ne pas avoir plus de 2 à 3 millimètres (1 à 2 lignes)[1].

Pendant cette première période surtout, les passages brusques du chaud au froid et du froid au chaud doivent être très-soigneusement évités.

Placez sur les œufs du papier percillé, du canevas ou du tulle.

Le poêle entouré de briques, ou le fourneau, sera con-

[1] **Si les œufs sont adhérents à des linges ou étoffes, il convient de les laisser dans cet état. Ce moyen, plus conforme à la nature, fait éviter les altérations que les œufs doivent bien souvent éprouver lorsqu'on les détache ; le ver trouve ainsi un point d'appui très-propice à sa sortie hors de sa coque.**

duit avec *du bois;* un grand plat d'eau devra le recouvrir continuellement.

L'humidité atmosphérique est *indispensable* à une bonne éclosion; elle doit constamment indiquer de 80 à 90 degrés à l'hygromètre.

Le 1er jour de l'éclosion, la température doit être de...................... 16 à 17 degrés.

Le 2e jour, de......... 18 à 19 »
Le 3e jour, de......... 19 à 20 »
Le 4e jour, de......... 20 à 21 «
Le 5e jour, de......... 21 à 22 »

Elle sera maintenue à ce dernier degré, si tous les vers ne sont pas éclos le 5e jour.

Les œufs qui, depuis leur formation, n'ont pas cessé d'être dans des conditions favorables, éclosent du 4e au 5e jour.

DEUXIÈME PÉRIODE

—

NAISSANCE DES VERS A SOIE

OU PREMIER AGE

Ordre, propreté,
soins sympathiques pour les animaux.

Si les premiers vers sont peu nombreux, sacrifiez-les jusqu'à l'éclosion de la plus grande partie des œufs.

Tenir le thermomètre de 21 à 22 degrés.

Ayez soin, surtout pendant la nuit, que, pour se livrer au sommeil, le surveillant ne garnisse pas trop le fourneau.

C'est de grand matin qu'éclosent presque tous les vers à soie.

De 4 à 10 heures du matin ont lieu les plus fortes levées.

Pour que la température de 22 degrés soit supportable et propice à l'éclosion, tenez un pot d'eau en ébullition sur le foyer, et un large plat d'eau à chaque coin de la chambre.

Mettez sur les œufs du canevas, du tulle ou du papier percé.

Dès qu'un certain nombre de vers paraîtra dessus, placez de petites feuilles de mûrier avec leurs pétioles, ou encore mieux des bourgeons, qui seront enlevés dès qu'ils seront bien garnis de vers.

Disposez par ordre ces vers sur les claies numérotées.

Placez-les par rangs de 8 à 10 centimètres de largeur, en laissant entre eux un espace de 6 à 8 centimètres.

Les rangs doivent être formés sur la largeur des claies.

Les bourgeons les plus garnis de vers devront être placés à côté de ceux qui le sont moins, car l'*égalité* des vers est une des conditions les plus *indispensables* à leur réussite.

L'éclosion de chaque jour doit former une division.

Sur le devant de la claie, une carte indiquera le jour et l'heure de la levée.

Mettez les premiers vers éclos au point le plus éloigné du foyer de chaleur. Donnez trois repas par jour aux premiers nés, quatre aux seconds et cinq aux derniers.

On doit sacrifier les vers qui naissent après le 5ᵉ jour au plus; mieux vaudrait n'admettre que les vers des trois premiers jours d'éclosion, soit pour leur robusticité, soit pour leur égalisation. — Un auteur spirituel a dit qu'en fait de bombyciculture, il faut l'*égalité* ou la *mort*.

La feuille doit être coupée très - finement, sans être froissée.

On n'en coupera à la fois que pour un repas, afin qu'elle soit toujours très-fraîche.

Elle ne doit pourtant pas être *froide* ni mouillée; soumettez-la un instant à la température de la chambre.

Des repas plus nombreux et de leur rapprochement des foyers dépend la simultanéité des mues.

Depuis l'éclosion aux trois quarts, laissez le thermomètre à 21 degrés, et, dès qu'elle sera complète, baissez à 20 degrés.

Gardez les vers dans la chambre d'éclosion jusqu'à la première mue.

Pour arriver au premier âge, cinq à six jours à **20** degrés suffisent.

Un délitement doit avoir lieu pendant cette période.

Faites bien attention aux premiers symptômes de sommeil : la peau change de couleur, le casque devient noir, la tête se dresse et est presque immobile. Il est hors de doute que la fonction de la mue est presque une maladie.

Dès le premier jour de ces symptômes, donnez très-légèrement à manger ; cessez complétement dès qu'une partie est endormie.

Prendre tous les jours note exacte de toutes les circonstances survenues à chaque variété de vers.

TROISIÈME PÉRIODE

—

PREMIÈRE MUE

OU DEUXIÈME AGE

Ordre, propreté,
soins sympathiques pour les animaux.

Les vers se réveillent. Il faut ne leur donner à manger que vingt-cinq à trente heures après leur sommeil ; avec cette précaution, les larves ont le temps de se raffermir, leur estomac est moins fatigué, et les derniers nés rattrapent bientôt les premiers.

Vingt-quatre heures avant de transporter les vers de la salle d'éclosion dans la magnanerie, on élèvera la température de celle-ci à 18 degrés.

Ce transport exige les précautions les plus minutieuses.

Prenez tous les soins pour égaliser les vers qui, faute de temps et de ponctualité, n'ont pu être menés de front.

Distribuez le premier repas avec des bourgeons pourvus de cinq à six feuilles.

Dès qu'ils sont garnis de vers, prenez-les avec soin, mettez-les sur les boîtes à transporter, et disposez-les par lignes, sur la largeur des canis, en laissant entre elles un espace de **8** à **10** centimètres.

Après avoir retiré les vers avec les bourgeons qui les supportent, enlevez la litière en roulant les papiers qui la contiennent, et en sacrifiant les quelques vers trop petits qui n'ont pu monter sur les bourgeons.

Donnez quatre repas par jour, à six heures d'intervalle : le premier à quatre heures du matin, le dernier à neuf heures du soir.

Coupez la feuille menu, et répandez-la également sur les vers, en évitant de les blesser.

Faites un délitement le troisième jour.

S'il y a plus de vers à un endroit qu'à un autre, placer des rameaux et les enlever dès qu'ils sont chargés de vers, pour les placer là où il y en a moins.

Donner un léger repas dès qu'on s'aperçoit qu'il y a quelques vers endormis, et suspendre toute nourriture aussitôt que la grande majorité des vers paraît être engourdie.

Une once de graines consomme, pendant les quatre à cinq jours que dure le deuxième âge, **10** à **12** kilogr. de feuilles.

Tenir le thermomètre de **17** à **18** degrés.

QUATRIÈME PÉRIODE

—

SECONDE MUE

OU TROISIÈME AGE

Ordre, propreté,
soins sympathiques pour les animaux.

Surveillez sans relâche l'égalisation de vos petits élèves ;
à cet effet, laissez-les trente et même trente-six heures sans
manger, à partir du moment où les premiers commencent
à s'éveiller.

Les claies étant de $2^m,50$ de longueur, les papiers percés
seront divisés en trois bandes, dont deux seront chacune
de 1^m et la troisième de $0^m,50$ de longueur.

Pour le délitement, prenez une de ces bandes, et ré-
pandez avec la main les vers qui la garnissent sur une nouvelle claie.

En laissant entre chaque rangée de vers un espace de
$0^m,10$, une seule bande suffira pour occuper toute l'étendue
d'un canis.

Délitez après deux petits repas donnés sur ces papiers
percés, enlevez les litières en roulant avec elles les vers
languissants et de mauvaise couleur.

Les litières des second et troisième âges doivent être mises à sécher sous un hangar, pour les employer à la nourriture des bestiaux.

Pour que les vers puissent se remettre de la fatigue qu'ils viennent d'éprouver dans cette opération, ne leur donnez à manger qu'une heure après.

Les vers errant çà et là sur les claies, il en résulte des espaces vides, qu'il faut remplir avec des vers pris aux endroits où ils seront agglomérés en trop grand nombre.

S'il restait sur les claies beaucoup de retardataires, on les mettrait sur une claie séparée; pour compenser ce retard, placez-les sur les canis les plus rapprochés du foyer, et donnez-leur un repas supplémentaire.

Administrez quatre repas, un toutes les six heures : le premier à quatre heures du matin, le dernier à neuf heures du soir.

Coupez toujours la feuille.

Le repas donné au commencement de l'assoupissement doit être très-léger.

Dans les temps très-humides et lourds, faites des feux flamboyants aux cheminées.

Délitez et dédoublez le troisième jour de cet âge, qui dure six à sept jours.

Tenir la température à **17** degrés, au moyen de petits fourneaux à coke.

Les vers d'une once de graines doivent manger **30** kil. de feuilles dans le troisième âge.

CINQUIÈME PÉRIODE

—

TROISIÈME MUE

OU QUATRIÈME AGE

Ordre, propreté,
soins sympathiques pour les animaux.

La troisième mue est, de toutes, la plus pénible pour les vers à soie, et celle pendant laquelle les maladies se déclarent.

Redoublez de soins pour ne pas augmenter le mal.

Maintenez la température, pendant la mue, très-régulièrement, à 18 degrés.

Attendez trente et trente-six heures pour donner de la feuille aux vers à soie, à partir du moment où les premiers commencent à s'éveiller.

Au premier repas, très-peu d'aliments ; au second, un peu plus.

Délitez après ces deux repas, par les moyens ordinaires.

Les vers triplant de volume, le tiers d'une claie doit en former une ; placez-les sur la claie par bandes égales sur la largeur, et à la distance de 0ᵐ, 10.

Laissez les vers une heure dans leur nouveau lit, sans leur donner à manger.

Sacrifiez les retardataires et tous ceux qui n'ont pas très-bonne couleur.

S'il y en a beaucoup, mettez-les sur des claies séparées, à l'exposition la plus chaude et en leur donnant un repas de plus.

Balayez en plein deux fois par jour; au préalable, arrosez plus ou moins, suivant la température.

On donnera quatre repas :

      Le 1er, à quatre heures du matin;

      Le 2me, à neuf   —

      Le 3me, à trois heures du soir;

      Le 4me, à neuf   —

La feuille ne doit plus être coupée, mais mondée, à moins qu'on ait un coupe-feuilles; dans ce cas, on doit la couper jusqu'à la fin de l'éducation.

La feuille doit toujours être distribuée très-également et peu abondamment.

En cas de touffe, laissez éteindre les fourneaux; faites des feux clairs et flamboyants aux cheminées.

Le thermomètre doit être tenu à 16 ou 17 degrés après la mue.

Un délitement aura lieu le troisième jour après la mue, ainsi qu'un dédoublement.

Dès que l'engourdissement des vers débute, donnez très-légèrement; cessez complétement dès qu'une grande partie est endormie.

Les vers d'un once de graines doivent manger 100 kil. de feuilles pendant les six à sept jours de cet âge.

SIXIÈME PÉRIODE

—

QUATRIÈME MUE

OU CINQUIÈME AGE

Ordre, propreté,
soins sympathiques pour les animaux.

Le cinquième âge est celui pendant lequel les dangers de maladies et d'épidémies sont les plus redoutables.

On a à combattre contre l'humidité, les indigestions, les miasmes produits par la transpiration des vers, les variations et les touffes atmosphériques.

A cet effet, disposez les vers très-au large sur les claies; ne tenez jamais dans la magnanerie d'autres feuilles que celles du repas en activité.

Allumez à la cheminée des feux clairs deux fois par jour, à onze heures du matin et à six heures du soir.

Si le temps est humide, renouvelez ces feux toutes les deux heures, et tenez constamment du chlorure de chaux délayé dans l'eau aux deux extrémités de chaque chambre.

Si le temps est à la bise et très-sec, arrosez souvent, mais jamais sous les claies.

Pendant la mue, la chaleur doit être de 17 degrés, et après la mue, de 16 degrés.

Attendez vingt-quatre à trente heures pour donner aux vers, à partir du moment où les premiers commencent à s'éveiller; délitez-les, après deux repas légers, par les moyens ordinaires.

Pendant le délitement, promenez la bouteille purifiante [1] et allumez des feux flamboyants en ouvrant les fenêtres.

Une claie doit en faire deux.

Si le thermomètre, placé au dehors, marque 16 degrés, ouvrir les portes et les fenêtres, même pendant la nuit, si la température ne descend pas et si l'humidité n'est pas grande.

S'il y a sur certains canis plus de vers que sur d'autres, égalisez-les en transportant les vers sur une planche à délitement.

Sacrifiez les retardataires; s'il y en a beaucoup, mettez-les sur des claies à part et dans un autre local.

Enlevez et jetez tous les vers qui paraissent malades, mous et de couleur douteuse.

Mondez la feuille soigneusement, c'est-à-dire détachez toutes les brindilles qui pèseraient sur les vers et augmenteraient l'humidité des litières.

Donnez quatre repas par jour.

Dans les troisième, quatrième et cinquième âges, la *fraize*, c'est-à-dire le grand appétit qu'ont les vers, pendant

---

[1] **Prenez :** 200 grammes sel de cuisine pilé;
200 grammes manganèse *id.*

Mêlez bien et mettez ces deux substances dans une bouteille de verre double; ajoutez 100 grammes eau commune.

Ayez dans une autre bouteille 700 grammes huile de vitriol, et, toutes les fois qu'en entrant dans la magnanerie vous sentirez l'air peu agréable à l'odorat, versez du vitriol dans la bouteille où est la manganèse, jusqu'à ce qu'il sorte une vapeur blanche.

vingt-quatre heures dans les autres âges, est dans cette période de quarante-huit heures, et on l'a appelée *grande fraize*. Il faut bien se garder de donner à pleines mains, comme font bien des éducateurs; il faut une sage générosité : mieux vaut un cinquième repas que d'en donner quatre trop copieux [1].

Un délitement le troisième jour après la mue, un le sixième jour, un le huitième et un le dixième.

Après chaque délitement, saupoudrez les vers et les claies avec de la chaux.

Vers le cinquième jour après la mue, dès que les vers

---

[1] Je citerai à ce sujet un fait digne de remarque.

La veille de la grande fraize, j'en prévins mes élèves, voulant les engager à redoubler d'activité pour cueillir les quantités de feuilles qui étaient indispensables pendant trois à quatre jours. Sous cette impression, ils imitèrent nos campagnards, qui donnent à pleines mains et sans discernement. Après quelques repas, sans s'assurer si les précédents étaient bien consommés, les litières s'amoncelèrent; l'humidité, les miasmes occasionnèrent chez les vers un état de fatigue tel, qu'ils étaient tous flasques, et l'extrémité inférieure de leur corps tendait à devenir jaune. C'était le troisième jour depuis la mue; je m'en aperçus au moment où le premier repas de 4 heures allait se distribuer. Je le fis cesser et j'ordonnai la *diète* jusqu'au lendemain 9 heures du soir; ils restèrent donc vingt-quatre heures sans manger. Un délitement et un dédoublement eurent lieu. Je fis saupoudrer les vers avec de la chaux; leur aspect changea vers le soir. Un repas fort léger fut donné à 9 heures. Le lendemain, ils avaient repris leur vigueur.

Trois petits repas furent administrés les jours suivants; la montée s'effectua les douzième et treizième jours. L'éducation de cet âge ayant été pénible et longue, la consommation en feuilles de la plupart des races que j'élevais fut aussi forte que si les repas avaient été donnés en neuf ou dix jours et en quantité convenable; elle fut en moyenne de 460 kil. par once.

Mais ce qui est plus extraordinaire, ce sont six claies dont les vers s'avancent vers le bord des claies et que leurs pattes commencent à être translucides, placez des rameaux pour leur montée. Faites trois cabanes sur la longueur des claies; n'en placez point dans le fond; disposez-les en face les unes des autres, pour que l'air circule sur toute la longueur des canis et dans toute la magnanerie.

Placez les bruyères, genêts ou chênes verts, à l'état sec, après leur avoir fait prendre la courbure nécessaire.

On doit arranger les bois de manière qu'ils soient peu touffus et en forme de voûte, afin que les vers puissent s'y promener et s'y placer à leur gré; gardez-vous de faire saillir les bois hors des claies.

Trente-six à quarante-huit heures au plus après l'en-

me paraissaient plus fatigués, et que je fis transporter dans un corps de bâtiment exposé à tous les vents; mes préoccupations me les avaient fait oublier. Six jours après, au moment où, revenu de mes craintes, voyant monter rondement les vers de toute ma magnanerie, je demandai des nouvelles des six claies que par prudence j'avais isolées, un des professeurs se mit à sourire et m'avoua, après insistance de ma part, qu'aux vers de ces six claies on n'avait plus donné à manger, et que pourtant les cocons se présentaient aussi bien que ceux de la magnanerie. Quoique satisfait du résultat, je ne pus éviter de demander comment on avait pu abandonner ces vers, qui exigeaient d'autant plus de soins qu'ils étaient plus malades; il me fut répondu : « Quand nous vous avons entendu parler de *diète* » au moment où tous nos vers étaient flasques et au moment de la » fraize, nous nous sommes dit intérieurement : Tout est perdu; il » ne vaut pas la peine de soigner ceux qui ne sont pas sous l'ins- » pection immédiate de notre directeur, et nous n'avons été les » visiter qu'aujourd'hui, en voyant monter les autres. »

Ces six claies m'ont fourni des cocons aussi durs que tout le reste de la magnanerie; la consommation n'a été, jusqu'au cinquième jour, que de 320 kil. de feuilles environ par once. Ces vers, il est vrai, avaient dévoré les mûres, les brindilles et les côtes des feuilles. Le poids des cocons fut égal à ceux de la magnanerie : ils avaient été sous l'influence d'un air plus pur.

cabanage, délitez ; nettoyez le dessous des ramières trois
jours après.

Enlevez les vers qui s'obstinent à ne pas monter ;
placez-les dans des compartiments à part et dans un autre
local.

Otez toutes les litières, en commençant par les claies
supérieures.

Dès que les cocons commenceront à être formés, ouvrez
toutes les croisées pour donner de l'air, sans laisser descendre le thermomètre au-dessous de 15 degrés.

La quantité de feuilles consommée dans cet âge, qui
dure d'habitude de huit à neuf jours, est de 480 kilogrammes environ par once.

La distribution de cette quantité de nourriture doit être
très-rigoureusement surveillée, pour éviter les indigestions
et toutes les maladies, qui sont si nombreuses dans cette
dernière et critique période, quand on ne redouble pas
d'*ordre*, de *soins* et de *propreté*.

Le 1er jour, la consommation sera de 0 kil. 200 gr.
  2e jour,   —   0   500
  3e jour,   —   1   »
  4e jour,   —   1   200
  5e jour,   —   1   600   par claie
  6e jour,   —   2   300
  7e jour,   —   2   »   et par repas.
  8e jour,   —   1   200
  9e jour.   —   0   600
 10e jour,   —   0   200

Pour établir ces bases, je calcule que l'once de graines
forme 13 à 14 canis, ou 50 kil. cocons [1].

---

[1] Pour être certain que le distributeur de repas ne dépasse pas les
quantités ci-dessus, il conviendrait qu'à un des côtés de son tablier
il y eût une poche pour les repas du quatrième âge, qui pût contenir

Au début de cette sixième période , remarquez et choisissez les vers les plus robustes , les plus beaux et les plus
sains ; mettez-les à part pour les cocons destinés à la reproduction. Donnez à cette catégorie une excellente nourriture ; écartez tous les sujets qui n'ont pas une belle
apparence.

au plus 2 kil. 500 de feuilles mondées. On évaluerait les autres
quantités au volume ; on monterait sur l'étage mobile une certaine
quantité de feuilles dans une corbeille , pour ne pas être obligé de
descendre aussi souvent.

SEPTIÈME PÉRIODE

—

COCONAGE

OU SIXIÈME AGE

Ordre, propreté,
soins sympathiques pour les animaux.

La septième période, qui date du moment où le ver à soie s'est enfermé dans son cocon et se transforme en chrysalide, finit à sa métamorphose en papillon.

C'est du troisième au quatrième jour après la première apparition de la bave que les vers terminent leurs cocons, suivant les soins qu'ils ont reçus et la température qu'ils ont subie.

Les fenêtres de la magnanerie devront laisser introduire une certaine quantité d'air pour raffermir les cocons; toutefois, le thermomètre ne devra pas descendre au-dessous de 15 degrés.

Le cocon se trouve complet huit ou neuf jours après que les vers ont rendu leur bave, laquelle a pour effet de fixer le cocon aux bruyères. Dans cet intervalle, ôtez les vers gâtés, et *surtout les muscardinés*.

On commencera la récolte le huitième jour, par les claies les plus basses.

A partir du dixième jour, il y a diminution progressive dans le poids des cocons, et, six jours plus tard, on court le risque de voir percer le papillon.

Les ramières seront enlevées avec ménagement, pour être portées aux personnes chargées de les dégarnir.

Tous les cocons mous et tachés seront mis à part dans une corbeille.

La bave sera soigneusement enlevée.

On videra les paniers sur des claies, de manière à former une couche de cocons de $0^m,10$ à $0^m,15$ d'épaisseur.

Les cocons de la catégorie d'élite seront déramés et mis en réserve; on ne gardera pour la reproduction que les plus durs et ceux qui ont la forme la plus perfectionnée, la nuance la plus belle, le grain le plus fin et l'étoffe la plus riche.

On les placera sur une claie, dans un appartement dont la température sera maintenue à 15 ou 16 degrés.

On les débourrera une seconde fois, et on les mettra en chapelet, en évitant les chocs et même les froissements. Il est utile de renouveler l'air au moins une fois par jour.

HUITIÈME PÉRIODE

—

CONFECTION DE LA GRAINE (ŒUF)

Ordre, propreté,
soins sympathiques pour les animaux

La transformation de la chrysalide en papillon ne doit être ni trop lente ni trop précipitée.

Pour éviter les altérations qui pourraient en résulter, il convient de tenir à **15** ou **18** degrés la température de l'appartement où l'éclosion, l'accouplement et la ponte doivent se faire. Cette pièce doit être aérée, sèche et avoir très-peu de jour, seulement assez pour distinguer les objets.

Les chapelets, de $0^m,75$ environ de longueur, seront suspendus contre un mur, distancés entre eux de $0^m,20$ à $0^m,25$.

On fera des chapelets de cocons mâles et d'autres de cocons femelles. Les premiers sont plus petits, plus pointus, étranglés vers le milieu, et les derniers sont plus ronds, plus gros et sans étranglement.

Avec une température de **15** à **18** degrés, l'éclosion est complète en douze ou quinze jours.

La sortie des papillons a lieu, comme celle de presque tous les animaux, de **4** à **9** heures du matin.

Des claies, garnies de papier, doivent être disposées dans le même appartement pour recevoir les papillons ; sur les unes on mettra les papillons mâles, sur les autres les papillons femelles.

Tous les papillons qui ne paraissent pas bien conformés et robustes doivent être rejetés.

Les papillons mâles, dont le corps est plus petit et plus effilé, doivent être ardents et faire vibrer leurs ailes avec vivacité ; les femelles doivent avoir un corps plus développé, et, sans qu'il soit nécessaire qu'elles aient beaucoup de vivacité, elles doivent être agiles.

Dès que le choix des papillons aura été fait, pour ne pas donner le temps aux mâles de s'épuiser, on doit poser sur une autre claie, et à distance convenable, un nombre égal de mâles et de femelles ; au fur et à mesure des accouplements, on disposera les couples sur une autre claie, en les distançant de $0^m,10$ à $0^m,15$.

Surveillez attentivement, car un mâle désaccouplé pourrait jeter le désordre dans les rangs.

Les phalènes resteront accouplées pendant six heures : après ce laps de temps, les femelles doivent être prises avec précaution par les ailes et placées à $0^m,10$ l'une de l'autre, sur un linge appliqué à un mur et retroussé par le bas, pour recevoir les œufs qui ne seraient pas adhérents ou que les femelles laisseraient tomber.

Pour avoir une éclosion et une éducation de vers à soie très-régulière, il convient de faire pondre les œufs de chaque jour sur un linge à part, qui doit être en coton ou en laine très-fine, mais sans duvet ni apprêt. De vieilles étoffes râpées, mais très-propres, conviennent parfaitement.

Les femelles fécondées pondent pendant 40 à 48 heures ;

les œufs les premiers pondus donnent les meilleurs résultats.

Les papillons les premiers éclos sont aussi préférés pour
la vigueur des produits.

Une femelle robuste, bien conformée, pond de 400 à
450 œufs ; 90 cocons assortis donnent environ une once de
graines.

Le thermomètre de l'appartement doit marquer constamment de 15 à 20 degrés ; au-dessous de 12 degrés, la
liqueur fécondante du mâle serait peu abondante ; au-
dessus de 20 degrés, la papillon s'énerve s'il n'est bientôt
accouplé. Dans ces deux cas, les produits sont altérés et de
faible constitution.

Dès que les papillons sont tous éclos, enlevez les cocons,
car ils pourraient donner de l'odeur dans l'appartement ; il
en est de même des mâles qui ont été désaccouplés et des
femelles qui ont terminé leur ponte. Il faut pourtant garder
en réserve quelques papillons mâles, les plus vigoureux,
pour servir au besoin une seconde fois.

Lorsque les œufs ont acquis la couleur grise et que les
étoffes sur lesquelles ils sont disposés sont bien sèches,
roulez-les sans les presser pour que l'air puisse y pénétrer ;
enveloppez-les d'un autre linge, et suspendez-les dans un
lieu frais, mais non humide, de manière que les insectes ni
les rats ne puissent les atteindre.

ÉDUCATION DU VER A SOIE EN PLEIN AIR

On a essayé bien des moyens pour élever les vers à soie (*Bombyx mori*) sur les arbres, afin surtout d'arriver à régénérer la race. Les inconvénients que rencontre ce mode d'élevage, par la destruction qu'occasionnent les insectes et les oiseaux, et par le fait des circonstances atmosphériques, avaient engagé quelques éleveurs à placer un certain nombre de vers à soie sur des branches d'arbre entourées d'une gaze, en ayant soin de renouveler régulièrement la quantité de feuilles nécessaires à leur alimentation. Ce moyen ne pouvait convenir qu'à une éducation fort limitée, et présentait encore quelques-uns des inconvénients des éducations à l'air libre, sans en avoir tous les avantages.

Depuis onze ans, j'essaye chaque année des placer des œufs de difficile éclosion sur des mûriers, et d'en abandonner ensuite les vers à toutes les chances. La première année, ces essais furent couronnés d'un plein succès. Je plaçai sur le pied d'un mûrier environ 25 grammes d'œufs, qui avaient résisté à 22 degrés de chaleur dans la salle d'éclosion. Pendant la première nuit, une pluie les arrosa abondamment, le thermomètre descendit à 12 degrés, et néanmoins, le lendemain à neuf heures, tous les œufs furent éclos ; les jours suivants, la température fut douce, humide, et on n'eut pas de vent pendant tout le mois de mai. Je surveillai la conduite et la croissance de ces jeunes vers ; je disposai dès les premiers jours, sur le pied de ces mûriers, des brindilles garnies de feuilles ; mais, après leur première mue , ils montèrent sur les branches de l'arbre , s'emparèrent des premières touffes de feuilles et les per-cillèrent sur toute leur surface. Dès le moment où les vers purent prendre librement leur nourriture, leur dévelop-pement fut rapide, les diverses nuances de leur peau furent vives et éclatantes ; mais, au moment de la *fraize*, la feuille de ces arbres étant devenue insuffisante et le poids de ces vers , alors volumineux , trop considérable , ils tombèrent sur le sol. Un petit nombre d'entre eux remontèrent sur l'arbre ; mais le plus grand nombre restait sur la terre et fixait sa dernière demeure sur des plantes adventices ou sur des tiges de céréales ; aussi en ce moment en mourut-il une forte partie, victime des insectes et des oiseaux. Les vers qui restèrent sur les mûriers firent leur cocon sous quelques feuilles à demi rongées, les autres entre les aisselles des branches, et quelques-uns entre les tiges et le pétiole de la feuille. Autant j'avais été admirateur du co-loris, de la grosseur et de la robusticité de ces vers élevés en plein air, autant je le fus de la grosseur et de la beauté des cocons. Je crus utile de laisser sortir les papillons sur l'arbre, et même de les y laisser faire leurs œufs. Les papillons furent magnifiques, sans tache, les œufs très-beaux ; mais une confiance excessive engendre bien souvent des dupes : les œufs furent dévorés par les insectes, et notamment par les fourmis. Cette première expérience me parut néanmoins attrayante et pleine de cet avenir qui soutient si souvent le courage du cultivateur. Il ne restait plus qu'à aviser aux moyens les plus convenables : 1° pour que les vers, en tombant de l'arbre, pussent y trouver une nourriture suffi-sante ; 2° pour que les œufs ne fussent pas dévorés par les insectes ; 3° enfin pour que l'arbre n'eût pas à souffrir de l'enlèvement des feuilles sans celui du pétiole.

J'avais paré au premier inconvénient en plantant deux allées de mûriers sauvages à 6 ^{m} de distance, chacune en forme de voûte recourbée l'une vers l'autre, et en garnissant l'intervalle qui les séparait avec des pourrettes de mûriers de trois ans, sur lesquelles les vers qui n'auraient pu rattraper le pied-mère auraient trouvé leur nourriture et leur appui pour déposer leur cocon. Pour obvier au second inconvénient, je me proposais de faire grainer ces vers dans un appartement aéré et à température moyenne ; enfin, pour constater le danger de la persistance du pétiole après la disparition du parenchyme de la feuille, j'avais reconnu que l'absence de la lame pendant un certain laps de temps portait une grave atteinte à la constitution de l'arbre, à tel point que les deux sujets sur lesquels le premier essai eut lieu ne sont pas encore remis de l'altération produite par le manque d'équilibre des sèves. Or j'espérais parer à ce danger en coupant les pétioles, ce qui serait fort long et nuirait au développement de ce genre d'éducation, qui serait réduit à quelques onces de graines chaque année, dans le but de régénérer les races.

Malheureusement les saisons ne se ressemblent pas : depuis ce premier essai, couronné de succès, je n'ai pu, malgré tous mes soins, réussir une seconde fois ; les vents et les variations brusques de la température ont fait disparaître les vers peu à peu de nos arbres, quoique l'éclosion y ait été toujours très-heureuse, surtout après une forte rosée ou une forte pluie.

ÉDUCATION DES VERS A SOIE DANS LE LEVANT

Les races de vers à soie du Levant, habituées à une température moins variable que celle du midi de la France et légèrement plus chaude, sont généralement élevées dans des locaux très-vastes, mal fermés, sans feu et sans litière sous eux, ce qui établit une différence notable entres les habitudes de ces vers et celles de nos anciennes races. Les Orientaux placent les vers sur le sol ou sur des planches, en ligne de $1^m,50$ de largeur, sur la longueur de l'appartement; si le sol est frais, on met dans le fond des branches d'arbre sèches, sur lesquelles on établit une bonne couche de paille; si c'est sur un plancher qu'on établit ces lignes, on forme seulement une couche de paille de $0^m,5$, sur laquelle on dispose un premier rang de petites branches de mûrier garnies de feuilles. Ces branches sont posées en croisière, et on y distribue une quantité convenable de vers à soie dès leur éclosion.

Matin et soir, ces brindilles sont renouvelées; la feuille s'y conserve très-fraîche, et les vers circulent au milieu de ces branches sans être jamais en contact avec leur litière, qui, par cette méthode tombe toujours au bas de ce fond de branches de mûrier. Les vers ont de plus l'avantage de pouvoir se promener librement; car il faut reconnaître que, si les chenilles ont l'habitude de se grouper, elles ont aussi des habitudes vagabondes qu'elles ne peuvent satisfaire au milieu d'une claie remplie de crotin ou de feuilles en fermentation. On peut expliquer par là les courses fréquentes que les vers du Levant ont l'habitude de faire sur le bord des claies, sans doute pour y respirer un air plus pur.

Ainsi établis dans ces sortes de taillis, les vers du Levant font leurs mues sans qu'on ait besoin de changer leur litière; aussi ces mues ne sont indiquées que par la non-consommation de la feuille. On donne alors moins de brindilles à dévorer, et on continue ainsi de superposer les branches en croisières jusqu'au moment de la montée, époque à laquelle on place sur ces barricades de brindilles des branches de genêt, chêne-vert, bruyère ou autres, en forme de voûte. Plus la voûte est élevée, plus les vers montent, plus ils sont robustes; car ils ont ainsi, par ces excursions aériennes, le moyen de se vider et de s'enfermer dans leur cocon dans un état plus favorable et plus sain.

Nous avons essayé de cette méthode, qui a l'avantage d'éviter les embarras de la cueillette de la feuille, d'économiser considérablement le travail, et de laisser aux vers des habitudes plus convenables et plus naturelles même pour toutes les races.

Ces avantages sont immenses, mais on ne peut en profiter qu'autant que les vers sont robustes et effectuent leur transformation sans mortalité. Nous ne parlerons pas des difficultés que présenterait ce mode d'élevage avec la taille à laquelle sont soumis nos mûriers. Le mûrier blanc est assez robuste pour supporter la cueillette de ses feuilles sans trop en souffrir; supporterait-il une taille annuelle au moment des grandes chaleurs? Ceci serait à expérimenter, surtout dans des terrains de qualité sèche et médiocre. Le mûrier lhou et celui du Japon se prêteraient à ce mode de taille, ils s'en accommoderaient même; mais il faut à cette mé-

thode orientale des locaux très-spacieux, qu'il serait difficile de trouver dans nos fermes. D'après l'expérience que
nous en avons faite, un appartement de 10^m carré, suffisant
pour loger 8 onces de vers par la méthode des claies, ne
peut en contenir que 3 onces en bien économisant les espaces. On pourrait se contenter encore d'un élevage moins
considérable pour l'avoir bon ; on pourrait aussi former des
hangars spacieux ; mais, dans l'état d'épizootie qui déroute
tous les calculs, le moyen qui serait très-efficace pour
combattre une affection ordinaire devient un inconvénient
pour le cas de mortalité, car ici, le délitement étant impossible, les cadavres s'amoncèlent et cette odeur cadavéreuse
aggrave le mal existant.

ÉDUCATION DES VERS A SOIE EN CHINE

Nous empruntons les détails suivants au comte Castellani, qui a publié, dans la *Réforme agricole*, les procédés suivis en Chine :

Incubation. — Les Chinois de la province que j'ai visitée, et d'où provient la graine dont je parle, n'en provoquent pas l'éclosion par la chaleur artificielle et ont le feu presque en horreur durant tout le cours de l'éducation. Ils s'en remettent à la saison pour produire l'éclosion, et, si la végétation des mûriers est précoce, ils hâtent cette éclosion par la chaleur humaine, en tenant les cartons pliés dans le sein des femmes. Peut-être sont-ils ennemis du feu parce qu'ils ne savent pas en régler la chaleur ; mais il est certain qu'ils déclarent une chaleur forte et continue très-nuisible aux vers.

Je crois, par conséquent, que ceux qui cultiveront la graine chinoise et qui ne voudront pas se servir de la chaleur humaine feront bien de tenir les cartons ouverts et la graine détachée, légèrement étendue, à une température artificielle de 16 degrés, si la température naturelle n'était pas à 15 degrés, et d'attendre que l'éclosion ait lieu sans porter la chaleur à un degré plus élevé. Cette règle sur la chaleur est bonne à suivre aussi dans le cours des trois premiers âges.

Éclosion. — L'éclosion presque générale de la graine adhérente aux cartons a lieu en un jour. Les Chinois recueillent les vers nouveau-nés d'une manière tout à fait neuve pour nous, et que je n'ose conseiller qu'à présent. Je conseille même de ne pas les recueillir avec de petits bouquets de feuilles, mais avec la feuille elle-même coupée en bande de la largeur d'un ruban commun, et de ne pas attendre que les vers montent dessus, mais de soulever ces bandes au bout de quelques instants et de les retourner ; ainsi tous les vers seront exposés à la lumière, ceux qui seront montés n'étoufferont pas ceux qui éclosent, et il n'en mourra pas un grand nombre au-dessous.

Feuille. — Les Chinois apportent la feuille des champs sans la presser et la meurtrir.

Excepté dans la dernière éducation, où ils sont moins sévères, ils donnent toujours aux vers de la feuille sèche.

Dans les deux premiers âges, ils la coupent en petits morceaux, ils la coupent moins du second au troisième, et ensuite ils la donnent entière.

Ils la coupent, mais il ne la broient pas. « Avant de
» couper, ils réunissent régulièrement beaucoup de feuilles
» qu'ils tiennent de la main gauche, et ils enlèvent les
» tiges ; puis, avec un couteau, ils les taillent à coupes en-
» tières et fréquentes, comme nos ménagères taillent la
» pâte roulée. Ils soulèvent alors les fils qu'ils ont obtenus,
» les mettent dans une corbeille sans les séparer, et ils en
» couvrent les vers. Ils obtiennent ainsi l'effet de multiplier
» les bords de la feuille en la divisant en morceaux menus,
» sans en enlever le suc et sans la meurtrir par les entailles
» répétées. »

Repas. — Dans le premier et le second âge, ils donnent

à manger aux vers de quatre en quatre heures, jour et nuit;

Dans le troisième, quatre fois le jour et trois fois la nuit;

Dans le quatrième, six fois le jour et trois fois la nuit;

Dans le cinquième, ils renouvellent toujours la feuille aussitôt que les vers l'ont finie.

Délitement. — Pendant toute l'éducation, ils délitent les vers tous les jours. Dans la première seulement, si la saison est fraîche, ils ne les délitent que de deux jours l'un.

Notre méthode de délitement avec des feuilles de papier troué semble préférable à la leur.

A peine a-t-on fait le délitement journalier avec ces feuilles de papier, qu'il faut répandre sur les vers assez de charbon (de celui que j'ai indiqué) pour les en couvrir, et sur le charbon des feuilles destinées à leur nourriture. Les vers montant, le charbon devient le fond de la litière et absorbe l'humidité.

Cependant le charbon n'est pas nécessaire après la troisième mue, si l'on distribue aux vers de petits rameaux de feuillage au lieu de feuilles détachées, car les rameaux font que la litière est soulevée. Si, au contraire, on leur donne des feuilles détachées, il est prudent de continuer l'usage du charbon.

Mues. — Les Chinois, avec les feuilles, enlèvent de la claie ou *canis* des dormeurs les vers qui tardent trop à s'endormir, et les rejettent inexorablement. Aussi mettent-ils toujours plus de graine à éclore : un quart ou un cinquième de plus.

Dans les trois premières mues, quand les vers dorment

tous, « ils prennent une certaine ¡quantité de balle de riz
» carbonisée et une quantité égale de chaux éteinte en plein
» air; avec la main ils répandent ce mélange sur les vers,
» de manière à les en couvrir littéralement, et ils ne les
» touchent plus jusqu'à ce que tous, ayant levé la tête, se-
» couent chaux et charbon, c'est-à-dire jusqu'à ce qu'ils
» soient tous réveillés. ».

Dans la quatrième mue, ils prennent les vers endormis
un à un, et les placent sur une claie qu'on a préalablement
pesée. Alors ils pèsent les vers, qui donneront en cocons le
double de leur poids; puis, avec un tamis ou un petit sac de
toile claire, ils répandent dessus assez de chaux pour les
couvrir presque complétement. Mais, dans les hautes mon-
tagnes et dans les endroits où l'air est très-sec, on n'em-
ploie que le charbon. Je conseillerais donc aux cultivateurs
qui se trouvent dans ces conditions de répandre sur les
vers, pendant les deux premières mues, deux tiers de charbon et un tiers de chaux; et, pendant la grande mue, du
charbon seulement.

Air extérieur. — « Jusqu'à la troisième mue, si le temps
» n'est pas tiède et beau, ils tiennent fermé jour et nuit et
» bien abrité l'atelier, dans lequel, comme je l'ai dit, je con-
» seille de tenir une chaleur artificielle de 16 degrés, si la
» chaleur naturelle n'est pas à 15. De la troisième à la qua-
» trième, ils le laissent ouvert le jour s'il ne fait pas froid
» et qu'il n'y ait pas de vent, et fermé la nuit; mais, dans
» le dernier âge, ils le laissent toujours ouvert dans le jour,
» se bornant à empêcher avec des claies l'action directe du
» vent, et même ils ouvrent la nuit, si le temps n'est pas
» trop froid; si l'air est étouffant, ils l'agitent avec des

» éventails de paille. Enfin ils se règlent selon le temps ,
» en tenant, en tout, une certaine mesure, pou. que le
» bienfait du grand air ne devienne pas un danger pour les
» vers. »

Cinquième âge. — Ils portent tous les vers, ou au moins
la plupart d'entre eux, sur des claies à terre, comme on a
l'usage de le faire dans le Frioul, en répandant préalablement sur le sol un doigt de chaux et en étendant sur la
chaux une couche de paille. Dans cet état, ils ne touchent
pas aux vers jusqu'à ce qu'ils soient mûrs, et ils leur dis-
tribuent de petits rameaux et même des feuilles détachées.
Mais ceux qui les gardent sur les claies, même pendant le
cinquième âge, les délitent chaque jour invariablement
comme auparavant, et, si la chaleur est excessive, toutes
les nuits aussi.

Cabane. — Les Chinois font la cabane en élevant un
étage de claies de roseaux de marais au-dessous des vers
qui sont à terre, et à la distance d'environ 2^m desdits vers..
Sur cet étage de claies, ils déposent des gerbes de paille
très-peu serrées et en forme de pavillon, c'est-à-dire à l'op-
posé des nôtres, avec les côtés larges tournés en bas. Ils
attendent que la maturité des vers soit générale, puis les
rassemblent tous et les portent à la cabane. Quand elle est
remplie, ils la ferment tout autour avec des claies sur le
sol ou était d'abord la litière; ils apportent des brasiers
avec du charbon allumé; ils ferment portes et fenêtres et
entretiennent le feu pendant trente-six heures. Les vers
travaillent immédiatement, et tous finissent leur cocon en
trois jours.

De quelque manière que les cultivateurs fassent la cabane, je crois devoir leur conseiller d'entretenir les vers mûrs à une chaleur artificielle de 18 à 20 degrés et dans une obscurité complète ; car je n'ai jamais vu de cabane plus belles que celles que j'ai vues en Chine, ni les vers travailler plus promptement et plus complétement. Les Chinois croient aussi que le fil, par ce moyen, en se séchant à mesure qu'il sort de la bouche du ver, se rompt moins facilement dans le tirage.

Durée de l'éducation. — Elle est au total de vingt-huit jours ou trente au plus, selon la saison. La première dure cinq jours, la seconde quatre, la troisième et la quatrième cinq, la cinquième six, la sixième trois ; le temps du sommeil, y compris le grand, vingt-quatre heures. C'est une chose exceptionnelle si le grand sommeil dure trente-six heures.

Du ver chinois annuel. — Les vers provenant de la graine que j'ai importée fournissent de la soie blanche et dorment quatre fois. Ils sont un peu plus petits que nos vers communs, ils ont la peau plus fine et plus transparente. Ils ont une couleur azurée, plus ou moins foncée, selon leur âge. Ils sont vifs et lestes. Ils consomment en feuilles un quart de moins que les nôtres, et sont, comme les nôtres aussi, sujets à toutes les maladies que nous connaissons, excepté jusqu'à présent à l'atrophie.

10 kilogr. de cocons chinois donnent 1 kilogr. de soie. S'ils ne sont pas supérieurs aux nôtres, ils sont au moins égaux à ceux de première qualité, ont peu de bourre, sont bien faits et leur soie se déroule tout entière jusqu'au bout. La qualité du fil est très-belle, quant à la blancheur, à la

force, à l'élasticité et à la finesse. J'avertis cependant les tis-
seurs que, pour les cocons chinois, il faut élever la chaleur de l'étouffage au point de dessécher la chrysalide, parce
que le cocon chinois, même étouffé, se tache facilement.

De la graine. — Les Chinois font à peu près comme nous.
Après douze jours les papillons éclosent, et leur éclosion
dure trois jours. Ils les laissent accouplés six heures, puis
ils laissent les femelles émettre l'humeur terreuse, et ils
les portent ensuite sur des cartons tout préparés, où elles
pondent. Ils tiennent l'atelier dans l'obscurité pendant le
jour, de peu des mouches, et pendant la nuit ils l'éclairent,
de peur des souris.

« Les œufs sont plus petits que les nôtres, plus déprimés
» et de différentes couleurs, parmi lesquelles dominent
» l'ardoise et le vert, puis l'azur plus ou moins foncé. Cette
» variété de couleurs est fort estimée des Chinois. »

MALADIES DIVERSES DES VERS A SOIE

On peut établir, sans craindre d'être démenti, que presque toutes les maladies des vers à soie résultent directement ou indirectement de la manière dont on conduit les diverses périodes de leur éducation, et notamment du défaut de surveillance :

1° Dans la confection et l'éclosion des œufs ;

2° Dans l'égalisation des vers ;

3° Dans le choix et la distribution des aliments ;

4° Dans l'aération des chambrées ;

5° Dans la fréquence des délitements ;

6° Dans l'emmagasinage des feuilles de mûrier ;

7° Dans l'opportunité et le mode de l'encabanage ;

8° Dans l'assainissement des terres renfermant des plants de mûrier ;

9° Dans la qualité et l'âge de la feuille, suivant la température plus ou moins humide ou sèche et suivant l'âge du ver ;

10° Dans la *bonne conservation* des œufs étrangers pendant la traversée ;

11° Enfin en ce qui a rapport aux variations subites de la température.

Le manque de soins dans la confection et l'éclosion des œufs occasionne des maladies *congéniales* (*gattine, hydropisie, jaunisse*), ainsi que des maladies accidentelles ou survenues pendant l'éducation (la *dysenterie*, les *passis*, les *rouges*, les *flats*, les *luzettes*, les *gras*, les *courts*, la *muscardine*, la *lienterie* et la *flaccidité*, *gattine, pébrine*).

(Voir nos trois Mémoires à ce sujet, pag. 9 et suivantes.)

Hydropisie, luzette.

L'HYDROPISIE, soit *congéniale,* soit *accidentelle,* est en général occasionnée par une constitution vicieuse des organes du système digestif, ou par leurs fonctions rendues imparfaites à la suite d'altérations organiques. Si cette maladie est très-répandue chez tous les animaux, elle doit être d'autant plus facile à se déclarer chez les vers à soie, qui sont privés d'organes urinaires et qui se nourrissent d'une substance herbacée dont les quatre cinquièmes sont aqueux. Presque aussitôt après l'absorption des sucs nutritifs, s'opère une évaporation considérable des parties aqueuses, par les pores cutanés de l'insecte et par neuf petits trous appelés *stygmates,* situés de chaque côté de son corps.

L'*hydropisie* devient *générale* quand l'accouplement ou la ponte ont eu lieu dans de mauvaises conditions; quand on a mal conservé la graine, qu'elle a été privée d'air ou placée sous l'action de températures trop variables; quand, à l'approche du printemps, faute de régulariser l'atmosphère de l'appartement où elle se trouve placée, une chaleur passagère aura pu faire déclarer l'embryon, qu'un froid subit aura arrêté immédiatement après; quand, par la même négligence, l'éclosion éprouve des arrêts à la suite des variations brusques du thermomètre.

Les altérations *congéniales* ne peuvent être que profondes et mortelles; elles ne sauraient être partielles sur un corps à l'état de germe ou d'embryon. Dans ce cas, la mortalité est complète et irrémédiable de la première à la troisième mue.

Les caractères extérieurs de l'*hydropisie* sont: une peau

luisante, une couleur diaphane, la petitesse du museau, le corps allongé, mais ne grossissant pas. Les deux premiers caractères proviennent de la condensation des vapeurs aqueuses, qui ne peuvent s'exhaler; les trois derniers, de ce que les vers ne peuvent changer de peau.

Lorsque l'*hydropisie* est *accidentelle*, elle n'est très-souvent que partielle; elle se déclare, dans ce cas, vers la troisième et quatrième mue, et porte le nom de *luisant* ou *luzette*.

Une température très-régulière, des délitements journaliers, et surtout une alimentation *modérée* et *très-également répartie*, peuvent amener d'heureuses modifications dans l'état morbide.

La JAUNISSE a la même origine que l'hydropisie; seulement, au lieu de frapper toute l'économie, elle se porte plus particulièrement sur les vaisseaux qui renferment la liqueur soyeuse. Les résultats sont moins meurtriers, et les symptômes se déclarent jusqu'à l'époque de la montée du ver; celui-ci se traîne avec peine bien souvent jusqu'au cinquième âge, et meurt boursouflé, répandant après la mort un fluide jaunâtre gluant, qui paraît être de la gomme soyeuse non élaborée. Cette maladie affecte principalement les vers à soie de race jaune, ce qui paraît appuyer l'opinion qu'elle porte ses ravages sur les cavités ou réservoirs de la soie.

Une chaleur trop forte et trop humide et une nourriture trop aqueuse paraissent être une des causes principales de cette affection.

Mêmes soins que pour l'hydropisie; mais, comme plusieurs auteurs pensent que la jaunisse est contagieuse, il est prudent d'enlever soigneusement les vers qui en sont atteints.

La DYSENTERIE peut être l'effet d'une mauvaise nourriture ou d'un repas trop copieux, à la suite d'une abstinence trop prolongée après une mue, ou causée par une négligence. Cette affection a souvent des conséquences terribles; elle perd parfois une chambrée en quarante-huit heures, avec infection pestilentielle. Il est pourtant plus facile d'y remédier qu'aux maladies *congéniales*, par cela même qu'elle a été occasionnée par un accident passager.

Dès qu'on s'aperçoit que les vers sont sans vigueur, ne mangent pas et commencent à être atteints de diarrhée, suspendez les repas, changez immédiatement les litières, saupoudrez les vers avec de la chaux pour leur enlever la sueur condensée qu'une indigestion laisse sur leur corps, pour désinfecter les litières et afin que cette poudre alcaline attire au dehors une partie de l'inflammation intérieure; ventilez vigoureusement; allumez de grands feux flamboyants, et ouvrez toutes les fenêtres pendant quelques instants plus ou moins longs, suivant l'état de la température extérieure; tenez constamment le thermomètre de 15 à 18 degrés. Donnez, après une diète de douze à quinze heures, un très-léger repas de feuilles de mûriers sauvages ou de vieux mûriers robustes. Évitez toujours les feuilles atteintes du miellat[1]. Dès que vous vous apercevez que les

---

[1] Le miellat est une matière visqueuse qui se trouve notamment sur les feuilles, quand le mûrier est atteint de cette maladie; il se déclare surtout vers la fin du printemps. Selon M. de Gasparin, « le miellat est une extravasation de sève sur la feuille. Exposé à l'air, il subit un commencement de fermentation acide; on obtient aussi, dit cet illustre agronome, le suc propre du mûrier en faisant une incision profonde sur le tronc. Il découle et se fige sur les bords,

excréments sont moins liquides, augmentez peu à peu la dose et le nombre des repas; délitez après chaque distribution alimentaire; chaulez deux fois par jour, et ne reprenez la régularité et les heures des repas ordinaires que lorsque les crotins seront consistants et que le ver aura repris sa vigueur.

ROUGES, PASSIS, FLATS, ARPIANS. — Le passage brusque d'une température froide ou moyenne à un degré de chaleur excessif occasionne, suivant sa durée et son intensité, la maladie du *rouge*, des *passis*, des *flats* et des *arpians*. Ces divers caractères extérieurs se déclarent de telle ou telle manière, suivant l'état atmosphérique intérieur et extérieur.

Il paraît logique de penser que les organes délicats d'un jeune ver se trouvent vivement altérés par une transition subite de 15 à 25° ou au-dessus; car pareille transition suffoquerait et pourrait rendre malade l'homme lui-même.

Chez le ver à soie, l'augmentation du calorique fait naître un plus grand appétit, et si, dans ce moment, l'éleveur n'a pas le soin de donner fréquemment à manger, l'animal souffre, s'épuise, s'affaiblit, se dessèche et devient *rouge*,

sans consistance, friable, sec, et avec une saveur sucrée franche. C'est encore du sucre, et ce n'est pas encore de la manne. Celle-ci est jaune, mucilagineuse et d'un goût sucré nauséabond. C'est du sucre altéré, et l'on sait que le sucre de canne lui-même est sujet à ce genre d'altération. On ne connaît pas les causes immédiates qui la produisent dans le suc du mûrier. La manne ou miellat provoque de fréquentes évacuations chez les vers à soie qui mangent de la feuille couverte de cette substance. Elle leur cause un grand affaiblissement; elle s'attache à leur corps, bouche leurs stygmates et les fait périr en grand nombre. »

flat, *passis* ou *arpian*. Si cet accident survient dans le premier âge, le mal est encore plus grave: le ver devient *rouge;* c'est ce que les négligents qualifient de *graines brûlées*. S'il a lieu du second au quatrième âge, il n'est pas aussi meurtrier, et on peut espérer d'y remédier en éclaircissant beaucoup les vers, en délitant fréquemment et en donnant dans les vingt-quatre heures deux repas de plus, mais *excessivement légers*. Le rétablissement des forces doit être opéré aussi lentement que l'épuisement a été prompt et violent [1].

La MALADIE DES GRAS [2] est une sorte d'hydropisie *accidentelle*, et n'entraîne le plus souvent que des conséquences peu graves; aussi dit-on proverbialement, en patois du pays : *que grasséje coucounéje*. Les vers *gras* ont le corps d'un blanc mat et bouffi, les articulations et les pattes gonflées, engourdies; ils accomplissent parfois toutes les mues

[1] Les *arpians*, qu'on appelle aussi *arpions, arpettes, harpons*, se montrent principalement après la troisième mue dans leur état d'affaiblissement; ils ne grossissent plus, ils se séparent en grande partie des vers non atteints, marchent sur le bord des claies, ce qui les fait désigner sous le nom de *parabandiers* (du nom patois des parebandes appliqués aux bords des canis). Ils sont flasques, *passis* ou flétris comme une fleur passée, et leurs pattes sont adhérentes à tous les corps qu'elles touchent. Ils deviennent jaunes, diaphanes et se pourrissent après quelques jours de souffrance. Ils résistent parfois jusqu'à la montée et périssent sur les bruyères ou dans un cocon imparfait (chique). Nous avons quelquefois sauvé une partie de ces vers atteints d'arpianisme, en les tenant au grand air et leur donnant une nourriture meilleure et administrée en petite quantité et souvent; nous avons eu aussi quelques succès en les laissant exposés à la fraîcheur de la nuit, et même en les lavant à grande eau dans les cornues.

[2] Les vers gras sont appelés aussi *porcs, vaches*.

et deviennent chrysalides, sans former leurs cocons. L'exécution des soins décrits à l'article *hydropisie* doit être rigoureusement surveillée.

Les COURTS ou RACCOURCIS inspirent moins de crainte : on voit tomber les vers, en cet état, faute d'avoir disposé à temps des bruyères pour qu'ils montent et qu'ils y fixent leur bave ; ils courent, s'épuisent sur les claies, et, après avoir répandu çà et là une partie de leur sève soyeuse, finissent par rester *courts* sur une bruyère tardive ou incommode.

Il est indispensable de surveiller l'encabanage en temps convenable ; mieux vaut y procéder vingt-quatre heures plus tôt que plus tard, et les construire de manière que le ver puisse s'y caser agréablement.

Quelques vers faibles et de mauvaise constitution deviennent quelquefois aussi raccourcis ; ceux-ci résistent moins longtemps et restent sur les claies.

La LIENTERIE. — Affection intestinale : mauvaises digestions ; excréments durs, visqueux et plus petits que d'habitude. Une grande partie des vers périssent à la suite de cette maladie, qui jette l'infection dans la magnanerie. Suspendre les aliments pendant vingt-quatre heures, et ne leur donner, après ce temps, que des repas légers et de la feuille tout à fait saine et en rapport avec l'âge du ver, paraît être le moyen le plus efficace. Nous avons essayé avec succès le traitement ci-dessus, après les avoir lavés.

La FLACCIDITÉ. — Boissier de Sauvages désigne les vers atteints de cette maladie sous le nom de *morts blancs* ; en effet, les larves se couvrent d'une efflorescence blanche ayant quelque rapport avec la muscardine, avec la différence que le ver ne durcit pas et qu'il se pourrit promptement après la déclaration du mal; quelques-uns deviennent noirs, et on les nomme *morts flats*. Cette maladie se déclare notamment au cinquième âge.

Quoique nous indiquions, à chacune des maladies du *bombyx* les moyens qui nous ont paru les plus efficaces, nous n'avons point la prétention d'indiquer des *remèdes;* les altérations organiques de la larve du *bombyx mori* sont si multipliées et leurs causes et leurs phénomènes sont si peu connus, qu'on ne peut citer que les résultats des faits qui ont réussi *le plus souvent*, mais non toujours, car même sur la *muscardine*, dont l'origine est connue, tels moyens réussissent aujourd'hui et échouent le lendemain dans des circonstances identiques.

Les moyens hygiéniques préservatifs réussissent mieux chez le ver à soie que chez tous les autres animaux; on doit donc chercher constamment à atténuer les désastres auxquels est exposée cette larve, au moyen d'une grande perfection dans l'établissement et dans dans la conduite d'une magnanerie.

Muscardine

Il en est des maladies qui affectent le ver à soie, et principalement de la muscardine, comme de quelques épidémies qui attaquent l'homme et qui déroutent tous les calculs et toutes les prévisions. Il n'est pas moins utile de continuer avec persévérance les soins propres à combattre la muscardine par tous les moyens connus; car, même dans le Midi, où la muscardine et les autres maladies font des ravages immenses, l'industrie séricicole était encore, avant l'in-

vasion de la *pébrine*, une des branches les plus importantes
et les plus lucratives.

Bien plus, au moment où l'on serait le plus fondé à
avoir des craintes pour la réussite, il ne faudrait jamais
désespérer; car tel local, jusqu'ici infecté d'épidémie mus-
cardinique ou autre, donnera, contre toute attente, des
résultats satisfaisants; c'est ce qui m'est arrivé lors de mon
entrée en fermage du domaine de Saint-Privat. Les locaux
dans lesquels j'ai élevé mes vers à soie étaient tellement
réputés être infectés, que tous les précédents fermiers de
ce domaine me disaient n'avoir pu y obtenir, depuis dix
ans, une seule récolte; tous les voisins me confirmèrent
ce dire: je résistai à leurs avis, et je fus justifié par une
récolte des plus abondantes de nos contrées. Mes vers furent
pourtant atteints d'*hydropisie*, de *dysenterie* et du *gras*,
par suite, sans doute, de la mauvaise qualité des feuilles,
détériorées par les gelées tardives, qui firent partout de
grands ravages. J'obtins, néanmoins, en moyenne, 38 kil.
de cocons par 25 gram. de graine.

Je rencontrai aussi un certain nombre de vers muscardinés
dans deux races que j'élevais; je les fis chercher avec soin;
je les mis dans un appartement séparé, mêlés avec d'autres
vers qui n'étaient pas atteints. La maladie ne fut pas com-
muniquée, ce dont je trouvai l'explication dans les curieuses
et savantes découvertes de M. Guérin de Méneville, « qui
» signale le cryptogame *botrytis* comme un champignon
» qui attaque le ver à soie à l'état sain, et le tue en quel-
» ques instants sans avoir donné aucun signe de souffrance.
» Aussitôt après sa mort, l'insecte devient d'une extrême
» mollesse; quelques heures plus tard, les racines du vé-
» gétal, ayant envahi tout le corps de l'insecte, ont absorbé

» tout les liquides, et le cadavre commence à durcir par
» son extrémité postérieure. Ce durcissement envahit peu
» à peu tout le corps, qui devient rosé ; au bout de douze
» à quinze heures, le durcissement est complet. Vues au
» microscope, les racines du *botrytis* sortent après qua-
» rante-huit heures, suivant l'état atmosphérique, de la
» bouche, des stygmates, des articulations du ver. Vers la
» soixantième heure, le cryptogame se ramifie, et envahit
» tout le corps vers la cent quarantième heure.

» A partir du moment de la mort de l'insecte, les glo-
» bules de la plante, qui paraissent être les éléments de la
» fructification, multiplient à tel point qu'on n'aperçoit
» plus les tiges de cette plante. Tant que le cryptogame
» n'est qu'en herbe où à l'état de floraison, le cadavre du
» ver muscardiné ne blanchit pas les doigts ; mais, dès que
» la graine est mûre, le ver laisse à la main qui l'a touché
» des taches blanches comme le ferait de la craie, et ces
» taches blanches ne sont que des myriades de graines qui
» se sont détachées par le contact. »

D'après ces explications, il paraîtrait que le cryptogame
des quelques vers muscardinés de ma magnanerie n'avait
pas achevé sa végétation, ou qu'au moment où j'ai mêlé
ces vers à des vers sains, il n'était encore qu'en herbe ou
en fleur.

La *muscardine rouge* (communément *dragées rouges*) ne
paraît être autre chose que la blanche, mais qui n'a pas
trouvé des conditions atmosphériques assez favorables pour
arriver à la fructification ; dans cet état, elle n'est pas
dangereuse.

Les agents qui favorisent le plus le développement de
la muscardine sont les grandes chaleurs combinées avec

l'humidité ; les causes encore inconnues paraissent résider dans des prédispositions qu'il serait plus facile de prévenir que de neutraliser dans leurs effets. Les cryptogames, en général, se déclarent plutôt avec l'humidité qu'avec une température sèche ; les contrées du centre et du nord de la France devraient, sous ce rapport, en être plutôt infectées que celles du midi.

Divers auteurs assurent que le *botrytis* ne se développe pas sur le corps d'un ver à soie déjà sous l'influence d'une autre maladie ; le proverbe patois cité plus haut, *que grasséje coucounéje*, pourrait bien venir à l'appui de cette assertion ; toutefois, n'y aurait-il pas quelque analogie entre le cryptogame destructeur des vers à soie et ceux appelés *punaises*, qui attaquent différentes plantes ? En effet, nous voyons que bien des végétaux qui ne se trouvent pas dans des conditions convenables à leur accroissement et à la nature de leurs organes sont envahis par ce parasite, qui disparaît aussitôt que la plante est dans de meilleures conditions.

De tous ces faits, extraits des auteurs les plus recommandables, on peut établir qu'avec une surveillance soutenue on peut, sinon arrêter, du moins prévenir les désastres de la muscardine.

Si les éducateurs, grands et petits, tenaient compte de la description que M. de Méneville a faite de la végétation du *botrytis*, ils atténueraient notablement les ravages de ce fléau, en enlevant les vers atteints de la muscardine avant que la graine du cryptogame ait eu le temps de mûrir. Après la mort de la larve, les sporules ayant besoin de cent à cent quarante heures pour mûrir, on a le temps de diminuer ou d'anéantir la contagion. Il n'est pas aussi facile d'y remédier quand la muscardine se déclare sur le ver au moment où il est sur les bruyères; l'œil le plus vigilant doit les rechercher dans les plus petites cavités, les déposer dans un sac et les brûler ou les enfouir profondément dans la terre.

Les papiers à délitement sont aussi d'une grande utilité pour l'enlèvement des vers muscardinés; les vers robustes seuls montent sur le papier, et laissent tous les malades et les morts sur la litière, qui doit, dans ce cas, être enlevée tous les jours, en roulant soigneusement les papiers et transportant le tout dans une cavité pour être profondément enfoui ou brûlé.

La plupart des cryptogames sont détruits par l'application de la potasse ou autre substance alcaline. Plusieurs auteurs anciens et modernes ont parlé de la chaux en poudre : je l'ai employée sur des vers atteints de la *dysenterie* et du *gras ;* j'en saupoudrais les vers au moyen d'une passoire à petits trous, *avant chaque repas.* Le ver ne paraissait éprouver aucune sensation désagréable. Cette poudre absorbait l'humidité de l'insecte; on la voyait s'agglomérer, et, peu d'instants après, le ver se montrait plus vigoureux et plus agile. A l'action absorbante de la chaux vive sur les vers muscardinés il faut joindre les effets de cette substance considérée comme alcaline et désinfectante.

Si la chaleur et l'humidité sont des agents les plus capables d'activer les ravages des champignons, on peut tout autant redouter la stagnation de l'air et l'exhalaison des miasmes.

Aux moindres symptômes muscardiniques, il convient de redoubler de soins pour renouveler fréquemment l'air des chambrées, de promener la bouteille purifiante, d'établir des courants avec prudence, en allumant dans le même instant des feux flamboyants.

Espérons que nos savants entomologistes continueront d'étudier les effets des fumigations, seul moyen vraiment capable de faire pénétrer intimement toute l'économie du ver par des substances antipathiques à la nature des cryptogames tant redoutés ; car n'oublions pas que les pertes occasionnées par ce fléau sont annuellement évaluées à près de 20 millions.

Si les moyens proposés pour atténuer les conséquences fatales des maladies des vers à soie échouent et déroutent parfois tous les calculs, il ne peut en être de même des agents conseillés pour les prévenir : en portant toute notre attention sur le choix de la graine, sur son éclosion et sur toutes les mues ; en surveillant sans relâche l'aération, le choix de la feuille, l'égalité des vers, la distribution des repas ; en effectuant deux délitements à chaque âge et quatre au dernier, et en donnant l'espace nécessaire à chaque ver pour respirer à l'aise, transpirer facilement, manger sans peine et se mouvoir aisément. Vous pourrez bien alors éprouver quelques pertes, mais vous aurez d'immenses chances de succès quand enfin vous vous identifierez, pour ainsi dire, avec vos petits élèves, quand vous sentirez les moindres besoins de tous leurs âges, ainsi que leurs impressions dans l'état de gêne et de servitude où vous les avez placés.

Si l'esclavage est rude pour tous les animaux, il l'est bien davantage pour les vagabondes chenilles, chez lesquelles il engendre les innombrables maladies qui viennent d'être décrites et qui ne sauraient être attribuées à la délicatesse des organes des chenilles, puisqu'il est notoire qu'aucun animal ne possède une aussi grande faculté d'endurer les privations; d'où l'axiome patois : *Pati coume lei canye.*

L'ordre minutieux, les soins de tous les instants, la propreté la plus sévère ne sont rigoureusement recommandés que pour indemniser ce précieux insecte de la perte de ses habitudes et de sa liberté.

Pébrine

La *pébrine*, appelée dès le principe *maladie des petits*, et ensuite *gattine, rachitisme, atrophie*, a été l'objet de nos trois mémoires de 1852, 1857 et 1860, reproduits à la suite de cet article. Depuis lors, les hommes les plus recommandables ont traité cette maladie avec le plus grand soin ; quelques-uns ont attribué la *pébrine* à une altération végétale dont serait frappé le mûrier. Nous ne saurions, à ce sujet, éviter de citer un remarquable travail récemment publié par M. de Quatrefages. Il résulte de l'ensemble des études pathologiques de la maladie actuelle des vers à soie auxquelles s'est livré l'éminent académicien :

1° Que la *pébrine* a apparu en 1849, à la suite de la récolte abondante de 1848 ;

2° Que la *pébrine*, compliquée par d'autres affections auxquelles elle prédispose l'insecte, est la maladie qui depuis dix ans afflige le pays ;

3° Que le mal exerce ses ravages plus particulièrement sur les éducations retardées que sur celles qui sont précoces ;

4° Que, néanmoins, la maladie existe à des degrés différents dans toutes les chambrées, et qu'elle n'épargne même pas les vers élevés en plein air;

5° Que les vers d'une même éducation peuvent être atteints par la *pébrine* alors même qu'ils paraissent sains, et que ceux qui produisent des graines saines par leur origine sont presque généralement atteints par le mal dès qu'ils sont introduits dans un pays où existe la maladie;

6° Que le caractère de la *pébrine* est de tuer peu à peu l'animal à la suite d'un état de débilité profond;

7° Que l'invasion du mal peut avoir lieu à tous les âges de l'insecte, mais plus particulièrement dans le dernier;

8° Que la larve est attaquée par les *organes digestifs*, les liquides interposés entre les globules graisseux, les tissus, cellules et lobes adipeux;

9° Que la *pébrine* a pour résultat de momifier le ver après la mort, et qu'elle se manifeste par une altération de tissus qui se rapproche beaucoup de la *gangrène;* que cette altération s'étend peu à peu à tous les organes, à tous les tissus; qu'elle va en s'aggravant à chaque âge; qu'elle peut déformer et détruire les pattes et les ailes des papillons, comme l'éperon et les fausses pattes de la larve, etc.;

10° Que la *pébrine*, maladie actuelle des insectes, ayant une parfaite analogie avec le choléra, place au nombre des causes présumées du mal la *domestication*, les *grandes chambrées* conduites dans des ateliers trop perfectionnés, l'insuffisance des moyens hygiéniques.

Nous avons établi, dans notre mémoire de 1852, l'analogie qui existe entre les maladies actuelles des vers à soie et le choléra; nous désapprouvons toujours les trop grandes agglomérations de vers dans une même chambrée, et nous persistons à croire qu'un des moyens les plus puissants pour obtenir quelques résultats en cocons dans l'état actuel, c'est de faire des éducations précoces et de les pousser promptement, pour laisser les vers aussi peu de temps que possible sous les influences morbides qui les désolent.

Nous croyons aussi, avec M. Nourrigat, sériciculteur distingué, que les épidémies, toujours communes aux hommes, aux animaux et aux végétaux, étant occasionnées le plus souvent par une alimentation délétère, il faut aviser promptement aux moyens les plus efficaces pour appliquer aux vers à soie une nourriture saine et renfermant sous un petit volume des principes nutritifs suffisants.

Nous renouvelons que l'emploi de la feuille du mûrier sauvage ou du mûrier du Japon est aujourd'hui impérieusement recommandé, et nous applaudissons à l'idée du soufrage, que M. Nourrigat a mis en pratique depuis deux ans. Cette pensée heureuse se rattache à celle de M. de Quatrefages, qui, après avoir fait essai de nombreux moyens thérapeutiques, admet le sucre additionné à la feuille du mûrier, comme le seul agent qui ait donné de bons résultats, administré soit comme moyen préventif, soit même curativement. Nous devons reconnaître toutefois que, si le sucre est éminemment propre à combattre l'action des causes débilitantes, il est plus rationnel de procurer à la feuille du mûrier les parties sucrées qui lui manquent en augmentant la force vitale des sujets au moyen du soufrage, opéré non sur la feuille détachée, mais sur les arbres. M. Nourrigat fait un premier soufrage sur les mûriers au début de la végétation, au moment où le bourgeon commence à s'ouvrir, et un second à l'époque où les vers sont à leur troisième mue. Il est à regretter toutefois que son emploi ne soit pas aussi facile sur un grand pied de mûrier que sur la vigne ; mais nous espérons que , si l'épidémie s'acharnait encore longtemps à la destruction de nos récoltes, on finirait par reconnaître qu'il vaudrait mieux sacrifier nos grands arbres de mûrier blanc et planter des mûriers sauvages, ou plutôt des mûriers du Japon , dont la feuille est plus grande , plus abondante , et la végétation plus précoce et plus active. On devrait ne songer, dans ce cas, en vue du soufrage , à n'élever que des sujets *nains* ; il y aurait convenance et économie sous beaucoup de rapports.

MÉMOIRE

SUR

LA PRODUCTION DE LA GRAINE DE VERS A SOIE

auquel a été décernée une Médaille d'or
par la Société d'agriculture de Vaucluse, le 26 septembre 1852

> A la détresse publique, mieux vaut opposer
> des faits que des paroles.....

A MM. les Membres de la Société d'agriculture
de Vaucluse

Messieurs,

S'il est une question qui aujourd'hui préoccupe plus que
jamais les esprits sérieux, les hommes soucieux de la
prospérité du pays, c'est celle des échecs de plus en plus
nombreux qu'éprouve notre précieuse industrie séricicole,
par suite de la mauvaise qualité de la graine, de l'abâtar-
dissement et de la confusion des races de vers à soie.
Depuis quatre ans surtout, notre production va toujours
décroissant; diverses sociétés et comices d'agriculture en
ont été tellement frappés, qu'ils ont adressé plusieurs sup-
pliques au gouvernement, tendant à éveiller sa sollicitude
pour la création de quelques établissements destinés à produire de la graine et à en régénérer les races. Ces propositions n'ont pu encore obtenir une solution favorable, et

pourtant nous avons la triste certitude que, les éducateurs du Midi ayant renoncé aux races indigènes dont nous étions assez satisfaits, pour recourir à celles d'Italie, dont la qualité s'altère de plus en plus, nos récoltes futures n'ont jamais été aussi gravement compromises. Pouvons-nous croire qu'il en soit autrement, Messieurs, si nous considérons la quantité de graines que nous expédie la Péninsule, et le vil prix (de 75 c. 1 à fr. l'once) auquel s'y vendent les secondes qualités, que la cupidité se garderait bien souvent de présenter avec cette étiquette? D'après les données statistiques relatives aux productions sétifères de ce pays, il est notoire que l'exportation des soies italiennes est actuellement tout aussi considérable qu'avant l'extension du commerce de la graine. Ce dernier commerce a pris au delà des Alpes des proportions effrayantes. Le département de Vaucluse seul a reçu, en 1851, plus de 3,000 kilogr. de graines de vers à soie d'Italie : sur cette quantité, une partie, il est vrai, est restée invendue; mais elle a été réclamée, avant complète éclosion, à quelques dépositaires, qui sont aujourd'hui dans une crainte bien fondée qu'ils recevront encore l'an prochain *la même graine....* La plupart des éducateurs qui ont tenté de confectionner de la graine avec ces cocons transalpins ont eu des résultats désastreux, ce qui porte à croire que la plus grande partie de ces œufs est le produit de cocons de rebut (chiques); car il conste que des *chiques* proviennent des graines qui, par un temps propice, donnent souvent de bons résultats pour une première éducation, et qu'elles perdent les mêmes qualités reproductives dès la seconde année. C'est encore de l'emploi de la graine rendue mauvaise par le peu de soin apporté aux choix des étalons reproducteurs que dérivent la plus grande partie des maladies qui désolent les éducations des vers à soie; d'où résultent de fâcheux mécomptes au détriment de l'industriel qui, mettant en œuvre les cocons de ces provenances faibles et viciées, n'obtient que des brins d'une finesse peu uniforme, et plus irréguliers que ne l'étaient jadis les fils de soie extraits des cocons du pays.

5 cocons de la race grosse du pays donnaient 24 deniers en trame.

5 cocons d'Italie donnent 26 deniers en trame.

Effrayées de cet état de choses, diverses sociétés d'agriculture avaient senti le besoin d'envoyer des mandataires chargés d'acheter en Italie des graines, pour s'assurer de la nature et de la qualité des cocons; celle du Var avait même donné mission à un de ses membres d'aller *faire fabriquer* de la graine dans le Milanais; mais elle a dû voir échouer cet utile projet, par suite de nombreux cas de muscardine constatés dans presque toutes les magnaneries visitées. Le même mandataire, ayant voulu dès lors acheter des graines dans quelques rares éducations bien tenues, n'a pu aucunement s'en procurer, vu les engagements pris et le peu de bons produits qu'il est possible de fabriquer avec des cocons de choix.

En présence de faits aussi menaçants pour une des branches les plus précieuses de notre agriculture, rien ne paraît plus utile aujourd'hui que de propager par de bons programmes les moyens les plus efficaces pour arriver à une amélioration notable dans la production des œufs de vers à soie. Nous devons considérer, Messieurs, cette tâche comme urgente et impérieuse; mais là ne s'arrête pas notre devoir, si nous réfléchissons:

1° Au peu de soins qui règne dans les habitudes de la plupart de nos éducateurs;

2° Au peu d'énergie et de tenacité qui les anime pour aboutir à de meilleurs résultats;

3° Aux travaux agricoles qui s'accumulent après la récolte des cocons;

4° A l'inconstance qui pousse l'homme à changer de genre de travail, vu surtout la facilité de se procurer de la graine chez presque tous les boutiquiers, et le bas prix auquel elle est offerte sur les marchés.

Par tous ces motifs, on sent le besoin de confier cette production à l'activité de personnes consciencieuses, délicates, et surveillées pourtant par des spécialités intelligentes. Je vais développer cette idée, avant d'essayer de répondre au vœu exprimé dans le programme de la Société.

« En bonne règle, chaque éducateur soigneux devrait élever les vers à soie et choisir parmi eux ses sujets reproducteurs. A partir de la troisième mue, il devrait mettre à part les vers à soie qui paraissent les plus beaux, les plus égaux, les plus robustes, et les placer sur des claies disposées au milieu de la hauteur de l'appartement, pour qu'ils aient une température plus uniforme; mieux vaudrait les mettre dans un local spécial, et leur donner des repas très-réguliers, propres à leur donner une forte constitution. *On continuera de les nourrir, pendant toute leur éducation, avec de la feuille de mûrier sauvage, si on le peut.*

» Parmi ces vers d'élite, enlevez encore à chaque mue ceux qui paraissent moins beaux, et remplacez-les par d'autres individus robustes.

» Il est indispensable de choisir un nombre de vers trois fois plus grand que celui qui est nécessaire pour produire la quantité de graines voulues ; 90 papillons d'élite produisent 25 grammes d'œufs.

» Dès l'instant de la montée, portez votre attention sur la vigueur des vers, excluez tous les traînards, et ne conservez que ceux qui hardiment gravissent la bruyère et se mettent sans retard à l'œuvre ; on ne gardera que ceux qui feront en même temps leur cocon et avec la même activité.

» Une fois les cocons terminés, choisissez parmi ces derniers ceux qui offrent les formes les plus parfaites, une dureté égale, le grain le plus fin, l'étoffe la plus riche, la nuance la plus belle.

» Séparez les cocons mâles des cocons femelles : les premiers sont plus petits, moins arrondis à leurs extrémités, et étranglés vers le milieu ; les derniers sont plus ronds, plus gros et sans étranglement saillant. On les placera sur une claie, dans un appartement à la température de 15 à 16 degrés. Cette pièce doit être aérée, sèche, et avoir très-peu de jour, seulement assez pour distinguer les objets. Il est utile de renouveler l'air au moins une fois par jour ; on les débourrera une seconde fois, et l'on fera séparément des chapelets de cocons femelles de 0^m,75 de longueur, suspendus contre un mur, et distancés l'un de l'autre de 0^m,20 à 0^m,25. On peut aussi faire éclore les papillons sur des claies ; dans ce cas, les cocons doivent encore être maniés avec précaution pour qu'ils n'éprouvent aucune meurtrissure, et avoir 0^m,08 à 0^m,10 d'épaisseur, afin de donner au papillon un point de résistance si utile à sa sortie.

» A la température ci-dessus, l'éclosion est complète, avec des sujets d'élite, en dix ou douze jours.

» La sortie des papillons a lieu , comme celle de presque tous les animaux , de quatre à neuf heures du matin.

» Des claies garnies de papier doivent être disposées dans le même appartement pour recevoir les papillons; sur les uns, on mettra les papillons mâles; sur les autres, les papillons femelles.

» Tous les papillons qui ne paraissent pas bien conformés et robustes doivent être rejetés; les premiers éclos sont préférés pour la vigueur des vers.

» Les papillons mâles, dont le corps est plus petit et plus effilé, doivent être ardents et faire vibrer leurs ailes avec vivacité; les femelles doivent avoir un corps plus développé, et, sans qu'il soit nécessaire qu'elles aient beaucoup de vivacité, elles doivent être agiles.

» Dès que le choix des papillons aura été fait, pour ne pas donner le temps aux mâles de s'épuiser, on doit poser sur une claie, et à distance convenable, un nombre égal de mâles et de femelles; au fur et à mesure des accouplements, on disposera les couples sur une autre claie, en les distançant de $0^m,10$ à $0^m,15$. Toutefois, il est indispensable que les femelles, avant d'être accouplées, demeurent pendant deux heures sur un linge ou un papier à part, pour qu'elles aient le temps de se débarrasser d'une matière jaunâtre, qui ne peut qu'amortir l'activité de la matière fécondante du mâle.

» Surveillez attentivement, car un mâle désaccouplé pourrait jeter le désordre dans les rangs.

» Les phalènes resteront accouplées pendant cinq heures; après ce laps de temps, les femelles doivent être prises avec précaution par les ailes, et placées à $0^m,10$ l'une de l'autre sur un linge appliqué à un mur, et retroussé par le bas pour recevoir les œufs qui ne seraient pas adhérents ou que les femelles laisseraient tomber. Il convient de faire pondre les œufs de chaque jour sur un linge à part, qui doit être en coton ou en laine très-fine, mais sans duvet ni apprêt. De vieilles étoffes râpées, mais très-propres, conviennent parfaitement. Chaque linge portera son numéro, correspondant à un registre indiquant le jour de l'éclosion des graines ; les éducateurs qui désirent faire éclore les vers sur du linge ou du papier, pour éviter des lésions nombreuses et *inévitables* et beaucoup d'*autres inconvénients*, doivent faire et noter la tare de ce papier ou de ce linge.

» Les femelles fécondées pondent pendant quarante à quarante-huit heures ; les œufs les premiers pondus donnent les meilleurs résultats. Il ne faut garder que les œufs pondus pendant les premières vingt-quatre heures ; c'est ce qu'on appelle les *graines de vingt-quatre heures*, et c'est le seul moyen d'avoir des vers d'une égalité *parfaite en tous points*.

» Une femelle robuste, bien conformée, produit de 400 à 450 œufs.

» Le thermomètre de l'appartement doit marquer constamment de 15 à 18 degrés ; le papillon s'énerve s'il n'est bientôt accouplé. Dans ces deux cas, les produits sont altérés et de faible constitution.

» Dès que les papillons sont tous éclos, enlevez les cocons, car ils pourraient donner de l'odeur dans l'appartement ; il en est de même des mâles qui ont été désaccouplés et des femelles qui ont terminé leur ponte ; il faut pourtant garder en réserve quelques papillons mâles, *les plus vigoureux*, pour servir, *s'il y a urgence*, une seconde fois.

7

» Lorsque les œufs ont acquis la couleur grise et que les étoffes sur lesquelles ils sont disposés sont bien sèches, roulez-les sans les presser, pour que l'air puisse y pénétrer; enveloppez-les d'un autre linge, et suspendez-les dans un lieu frais, mais non humide, de manière que les insectes ni les rats ne puissent les atteindre. Il est utile de visiter tous les mois le paquet, pour voir s'il n'y a aucune altération et pour renouveler l'air. A partir du mois de mai, ouvrez les linges et placez-les dans un appartement bien aéré, et non exposé à de brusques variations atmosphériques. »

Sans doute, Messieurs, la Société d'agriculture de Vaucluse donne, en cette circonstance, l'exemple de sa vive sollicitude pour une des plus importantes récoltes du Midi, en cherchant à faire connaître la cause des échecs effrayants qu'éprouve la sériciculture, et en popularisant les véritables principes d'une régénération si indispensable. Cette question est d'autant plus grave, qu'elle intéresse directement une des principales branches de l'agriculture et du commerce de la France ; mais, si vous considérez un instant les travaux divers qui surgissent dans chaque ménage agricole au moment où la récolte des cocons est terminée ; la fatigue que celle-ci a procurée ; les autres occupations intérieures qui souvent détournent des détail minutieux et assidus réclamés par la fabrication de la graine, vous reconnaîtrez, sans peine, que des mains livrées à divers genres d'opérations agricoles ou industrielles ne sauraient accomplir convenablement l'œuvre dont vous proposez la meilleure formule à l'émulation des concurrents.

Ce sont ces considérations majeures qui ont engagé plusieurs sociétés d'agriculture à demander l'intervention du gouvernement pour créer quelques établissements appelés à fournir les graines destinées à la régénération de nos races de vers à soie. L'État a, sans doute, reculé moins devant la dépense de deux trois laboratoires séricicoles vivement réclamés, que devant la difficulté de trouver des hommes spéciaux, et aussi devant la crainte de voir bientôt ces nouvelles races abâtardies et altérées par la négligence et le préjugé des éducateurs, et surtout encore par l'impossibilité de pouvoir fournir une quantité suffisante de graines à toutes les magnaneries. En effet, Messieurs, quel que soit le pays d'où le gouvernement tirerait les graines pour se mettre en race, n'y a-t-il pas à craindre que les vers de ces œufs de provenance étrangère, bien qu'améliorés par les soins d'hommes habiles et spéciaux, ne pussent pas s'acclimater sous les *diverses* températures des nombreux départements qui produisent la soie? Pour ma part, je dois avouer que, malgré toute l'attention que j'y ai apportée, les races chinoise, espagnole et turque que j'ai élevées, ne m'ont pas offert cette année-ci des résultats aussi heureux que la première année où je les ai reçues de leur pays d'origine. Une partie de ces vers de race exotique a même perdu quelque peu du type primitif : ne faut-il pas inférer rigoureusement de là que les petits éducateurs, qui confectionnent les trois quarts de la production séricicole, ne recevant chaque année que peu de graines étalon, il leur serait très-difficile de conserver longtemps une race de vers perfectionnés que le gouvernement leur aurait confiée? D'autant plus qu'ils ne se trouvent pas logés dans les conditions voulues, et que souvent même ils ne mettent pas toute l'importance qu'on doit apporter dans le choix des sujets reproducteurs, et dans tous les petits soins si indispensables pour maintenir l'intégrité de la race.

D'après le travail si remarquable de M. Louis Leclerc, sur la nécessité d'établir des éducations spéciales pour la graine, démontrée aussi par les observations de M. Guérin de Méneville, d'où il résulte que les papillons qui ont servi à la génération de la graine peuvent, plus que toute autre cause, infecter de muscardine les locaux où a eu lieu la ponte, que n'aurions-nous pas à nous reprocher, si nous tardions davantage de contribuer à une œuvre dont le but serait d'assurer à toutes les classes un revenu des plus riches, et au pauvre en particulier un bénéfice qui en quelques jours peut lui procurer aisance et bonheur ?

D'après cet exposé, ne serait-il pas urgent que chaque société d'agriculture formât une association de vingt à quarante membres, appelés à créer un établissement régénérateur de graines de vers à soie sur les bases suivantes :

1° L'association serait composée de membres de la société d'agriculture ou d'éducateurs, avec charge de verser chacun une somme de 100 à 200 fr. ou au-dessus.

2° Ce capital serait employé, pour la première année 1853, à l'achat de cocons d'élite pris parmi les anciennes races du pays qui ont conservé leur type. (Pour celles de notre département on pourrait rencontrer, notamment à Pertuis, à Cadenet, à Sisteron, à Venterol, etc., des cocons de l'ancienne race grosse, presque abandonnée, qui, malgré une longue succession de générations, n'ont éprouvé aucune altération ni dans leur vigueur, ni dans leur forme, et qui ont l'avantage d'être tout acclimatés.)

3° A l'époque de la récolte, chaque membre d'une commission *ad hoc* serait chargé d'aller dans la localité la plus rapprochée de son domicile, pour y faire l'achat et le choix des cocons.

4° La confection de la graine serait confiée, sur la demande de la société, et sous l'inspection d'une commission, à des religieuses non cloîtrées, telles que les Dames de Saint-Thomas d'Aquin, ou celles du Bon-Pasteur. (On ne saurait oublier les services éminents rendus à l'art séricicole par *les femmes*, et surtout par celles qui sont *réunies en communauté* sous l'égide de la religion.)

5° La société délivrerait, sous un cachet, les graines à un prix qu'elle aurait déterminé.

6° Les bénéfices qui résulteraient infailliblement de cette vente, déduction faite des *frais de course, des allocations et des intérêts*, seraient employés, en première ligne, à augmenter l'importance de cette production; ensuite à gratifier d'une certaine quantité de graines les éducateurs les plus pauvres et les plus intelligents; enfin à acquérir des animaux reproducteurs des races bovine, ovine ou autres, reconnues les plus utiles à l'amélioration agricole du pays, pour en disposer gratuitement ou à très-bas prix.

En créant cette association, Messieurs, nous donnerions un exemple salutaire à d'autres localité, qui, comme la nôtre, contribueraient à la prospérité publique. Jugez de l'importance qu'ajoutent nos collègues d'Alais à la régénération et à l'amélioration des races des vers à soie, par la proposition d'un prix de 500 fr. pour une fabrication de 100 *onces seulement*.

Nous rendrions, par l'établissement de cette œuvre, nos relations plus suivies et plus agréables par la satisfaction d'avoir opéré le bien de l'humanité; et nous nous stimulerions ainsi à rechercher, à chaque séance, quelque nouveau sujet d'amélioration, seul moyen de soutenir l'existence des sociétés agricoles.

La réalisation d'un moyen quelconque pour mettre fin à l'état de dépérissement d'une de nos principales industries, dont la *moindre* diminution de rendement entraîne, pour notre département, une perte de *plusieurs millions*, nous attirerait, j'en suis assuré, les félicitations [de l'État, et même des *subventions*, auxquelles viendraient probablement se joindre plus tard celles du Conseil général, après constatation des services rendus.

NOUVELLES CONSIDÉRATIONS

RELATIVES

AUX MOYENS D'ARRÊTER LA DÉGÉNÉRESCENCE

DES VERS A SOIE

Lorsqu'en 1852 je présentai à la Société d'agriculture de Vaucluse un Mémoire sur la dégénérescence des vers à soie, sur les moyens qui me paraissaient les plus aptes à opérer une régénération des races, à conserver et à multiplier l'espèce indigène, l'avenir se montrait si peu rassurant à mes yeux, que, pour stimuler le zèle des amis du bien public, je formulai l'épigraphe de mon Mémoire en ces termes : *A la détresse publique mieux vaut opposer des faits que des paroles.* Malheüreusement nos craintes se sont réalisées, et le mal s'est accru dans des proportions telles, qu'aujourd'hui la plupart des éducateurs allèguent que *le mal est trop grand, et qu'il faut recourir aux moyens héroïques.* Le plus grand nombre pensent que le *gouvernement* devrait intervenir, en envoyant à l'étranger des hommes capables de faire la recherche des races irréprochables et de trouver les moyens les plus efficaces pour amener la régénération désirée : on émet d'autres propositions de ce genre, où le concours de l'État est toujours présenté comme condition indispensable, ainsi qu'on le fait dans toutes les calamités publiques. Certes, nous ne discutons pas les services que l'intervention officielle a rendus en différentes circonstances; mais on ne saurait mettre en doute que, en matière d'éducation séricicole, il n'est pas facile de rencontrer de *vrais* praticiens éclairés, qui puissent, à première vue, juger de la santé des vers à soie ou des maladies qui peuvent les frapper. Cette tâche ne serait-elle pas plus naturellement celle des sociétés et des comices d'agriculture, dont on a eu tant à se louer dans des pays voisins, notamment en Angleterre, où la liberté des rapports et l'esprit d'association favorisent des entreprises colossales et du plus grand intérêt ?

Avant tout, abordons le fond de la question, ou du moins tâchons d'utiliser quelques renseignements sur le mal qui nous touche, afin de l'atténuer pour le présent et de l'éteindre, s'il est possible, pour l'avenir.

Reconnaissons d'abord que si, dans l'exposé d'un fait quelconque et de toutes les circonstances qui s'y rattachent, il est essentiel d'être vrai et d'être prudent dans les déductions à en tirer, ces qualités sont impérieusement demandées lorsqu'il s'agit des questions qui nous occupent; car la *pratique* la plus intelligente et la plus assidue est à tout instant déroutée par des résultats inattendus.

Nous avons établi, dans notre *Manuel du Magnanier*[1], que, pour bien élever les vers à soie, l'ordre, la propreté et même les soins les plus sympathiques sont des éléments indispensables de réussite, quand les œufs sont de bonne race et le local convenable; mais ces conditions suffisent-elles? L'expérience prouve très-souvent le contraire: depuis 1852 surtout, nous avons vu des magnaneries parfaitement

---

[1] Titre sous lequel a paru la première édition du présent ouvrage.

organisées et habilement conduites ne procurer aucun résultat satisfaisant, tandis que les mêmes œufs élevés par
des mains peu intelligentes et dans des locaux détestables
donnaient la plus belle récolte. Nous pourrions en citer de
nombreux exemples; nous nous contenterons de relever
les mêmes incertitudes et les mêmes variations de rendement sur la récolte de 1857, en nous basant sur une série
de données statistiques.

Depuis environ dix ans, le commerce s'est emparé de la
fourniture des graines de vers à soie: les premiers œufs,
notamment ceux d'Italie, avaient produit d'assez bons résultats. A cette époque (1845 à 1851), la maladie qui frappe
les vers n'avait pas encore atteint profondément les productions françaises; mais l'espérance de trouver mieux à
l'étranger, le désir de l'inconnu, le besoin qu'a chaque
agriculteur de quitter les soins intérieurs de la magnanerie
pour se livrer aux cultures sarclées en retard et aux moissons
qui arrivent à grands pas, l'inconstance et l'ennui d'un
travail encore plus minutieux que l'élève du *bombyx*, l'ont
engagé à accueillir, avec trop de crédulité, les offres et les
réclames du commerce, qui parfois proposait des graines
à très-bas prix. Avec plus de prudence, et surtout s'il avait
pu prévoir qu'une épizootie, désastreuse pour toutes les
races de vers à soie, sévirait tôt ou tard moins cruellement
sur les vers acclimatés et indigènes, l'agriculteur se serait
plutôt décidé à continuer de se servir des graines du pays,
telles que celles que l'on devait aux soins des bonnes femmes
qui, dans nos cantons, en faisaient l'objet d'une industrie
spéciale; mais la malheureuse tendance du vulgaire pour la
nouveauté a été dans cette occasion fébrilement surexcitée,
dans toutes nos campagnes, par les dépôts établis chez

tous les boutiquiers, par des affiches plus ou moins captieuses; et le commerce de cet article a pris une telle extension, que ces graines nous arrivaient, non en petite quantité comme d'abord, mais par milliers de kilogrammes. C'est ainsi que nous avons été inondés, depuis 1851 surtout, par les provenances d'Italie, d'Espagne, de tout l'Orient, etc., etc. Ces nouveaux produits ont été acceptés, non-seulement en vertu des motifs déjà allégués, mais encore par suite d'un commencement d'altération épidémique observé sur nos races indigènes vers 1849, altération qui atteignit celles d'Italie deux ou trois ans plus tard. La déclaration du mal au delà des Alpes engagea les faiseurs de graines à recourir aux graines du Levant, avec lesquelles on avait eu, en principe, quelques succès. Entre toutes les provenances qui, cette année, ont surabondé chez nous, chacun se demande quelle est celle dont on a eu le plus à se louer. Une statistique sérieuse aurait pu seule fournir une solution de ce problème. Pour atteindre à ce résultat difficile, il aurait fallu une commission spéciale chargée de recueillir, dans chaque localité, les renseignements partiels, qui auraient été ensuite coordonnés au chef-lieu du département. Nous avons fait ce genre de travail dans la limite de nos relations, ne nous laissant point arrêter par la divergence des opinions, ni par les différences des rendements obtenus avec les mêmes races. D'après les renseignements qui nous sont parvenus, il paraîtrait qu'il a été mis à l'éclosion une moitié en graines d'Italie, un quart en graines du Levant et un quart en graines du pays ou d'ailleurs, en comprenant parmi les graines indigènes celles qui ont été produites dans la localité au moyen de cocons exotiques. Dès le mois de septembre dernier, la rareté des œufs a été singulièrement exploitée ; le prix des 25 grammes fut élevé de 10 à 12 fr., et, vers le mois de mars, à 15 fr. Bientôt des graines prétendues du Levant, étant arrivées en profusion à Marseille, firent tomber leur prix à 2 fr. et même à 1 fr. les 25 grammes. Cette baisse énorme, survenue à la suite d'une année de disette, a été cause qu'on a mis à éclore une quantité beaucoup plus considérable de graines qu'on n'en mettait d'ordinaire. Les débuts de l'éducation ont été, en général, très-pénibles. L'inégalité des vers, qui, d'habitude, est une condition des plus fâcheuses, s'est déclarée sur la plupart des races ; les variations atmosphériques ayant, vers la fin d'avril, influé fatalement sur la marche de la sève, ont pu contribuer à aggraver ce premier insuccès, qui a contraint plusieurs éducateurs à acheter de nouvelles graines pour une seconde éducation. Parmi les vers qui ont résisté aux atteintes des premiers âges, une partie a été frappée d'hydropisie à la troisième mue, ordinairement entourée de plus de dangers ; la plus grande partie a été frappée au moment de la montée. En général, la jaunisse, la flacherie et l'hydropisie, ont fait de nombreuses victimes ; la muscardine a été bénigne, non-seulement à cause de l'hygrométricité de l'air, qui a duré pendant presque tout le cours de la saison, mais encore parce que cette maladie, considérée autrefois comme le plus grand fléau, se développe difficilement sur des sujets prédisposés aux trois affections précitées, dégénérant très-souvent en celle qu'on appelle le *gras* ou la *grasserie*. Les racines du botrytis se refusent à végéter dans le corps des vers atteints d'hydropisie et du gras, parce qu'elles plongent dans une sérosité alcaline. En effet, le papier tournesol tourne au vert par l'application du liquide intérieur des vers affectés des maladies ci-dessus, tandis qu'il tourne au rouge avec le liquide des muscardines et des papillons, vu la présence d'un acide.

Le désastre qu'on a eu le plus à redouter, surtout depuis quatre ans, n'a point été produit par un mal accidentel, contagieux ou épidémique (comme le sont la muscardine et toutes les autres maladies ci-dessus, qui, semblables au choléra, à la fièvre jaune, à la variole, à la peste, etc., finissent tôt ou tard par perdre de leur intensité et par s'éteindre même, lorsque, après avoir décimé les populations, elles ne rencontrent plus que des sujets réfractaires à leur action), mais principalement par la gattine (appelée en France maladie des *petits*, en Italie *gattino* ou *petit chat*), qui a été observée de tous temps dans les éducations faites avec des œufs mal soignés, ou avec des œufs élevés dans des conditions misérables et arrivés ainsi à un état d'épuisement profond. Depuis quelques années, cette détérioration est tellement répandue, que nous l'avons observée, d'une manière plus ou moins marquée dans toutes les magnaneries que nous avons visitées. A part quelques exceptions *très-rares*, toutes les races en étaient viciées; cette maladie, qui paraît avoir aujourd'hui sa source principale dans la mauvaise constitution des générateurs du ver, avant de présenter ce caractère originel, se déclarait quelquefois par suite soit d'une semence mal préparée, mal conservée ou mal couvée, soit d'une alimentation peu convenable ou d'une éducation inintelligente, soit enfin parce qu'on n'avait pas eu soin de mettre séparément les sujets les plus affaiblis. Avant que la gattine se fût montrée d'une amnière aussi désastreuse et qu'elle pût être imputée à l'affaiblissement organique des générateurs et aux accidents des saisons, elle frappait les vers sous l'influence de causes diverses et dans toutes les périodes de leur vie. C'est cette affection qui était désignée dans le Midi sous le nom de *passis* ou *arpians*, qui envahissait le plus souvent les vers au troisième âge; ceux-ci mouraient émaciés, ou disparaissaient dans la litière avant le cinquième âge, ou bien ils n'élaboraient que des cocons chétifs. Cet abaissement vital, devenu un vice originel, d'accidentel qu'il était auparavant, a pris un tel degré d'intensité, que tous les soins et toutes les précautions deviennent en général impuissants. Doit-on considérer cet état morbide comme un accroissement de la gattine accidentelle qui se déclarait parfois dans quelques éducations, ou bien faudrait-il y voir une conséquence de l'épidémie qui sévit depuis quelques années sur les végétaux? Nous ne serions pas tout à fait éloigné de cette dernière hypothèse. En effet, en même temps que tous les caractères de la gattine s'aggravaient, que l'éclosion des œufs était plus lente et que plusieurs vers mouraient dans leur coque, que chaque mue devenait de plus en plus longue, que la déperdition et la disparition des vers avaient lieu à toutes les mues, que les phalènes mâles perdaient leur vigueur et les femelles leur fécondité, la végétation du mûrier s'était montrée, de 1853 à 1856 notamment, moins luxuriante et portant même des caractères de viciation, comme paraissaient le démontrer les macules et même les perforations de la feuille. Cette circonstance, jointe aux altérations inévitables que doivent éprouver les œufs dans leur transport et à toutes les causes que nous venons d'énumérer; de plus, la trop grande fréquence des pluies qui règnent depuis plusieurs années en avril et en mai, ont amené la triste situation de nos produits séricicoles.

Cet état de choses a déterminé quelques négociants à rechercher quelles étaient les contrées non infectées; les résultats de la récolte de 1857 nous donnent la fâcheuse assurance que peu de graines ont été à l'abri du désastre; pour notre part, nous avions mis à éclore deux races d'Italie et trois races du Levant; une seule de ces dernières (Anatolie) a donné quelques cocons (14 kilog. par 25 grammes.

Par suite des quelques réussites obtenues des graines du Levant, toute l'attention est portée aujourd'hui sur les races de cette provenance. En effet, parmi celles-ci, celles d'Andrinople, de Brousse, de l'Anatolie et de Calamata, ont offert quelques rendements. Toutefois les lots de cette contrée ont-ils été exempts de gattine? Non. La plupart en ont été atteints, surtout à partir de la troisième mue. Mais, si les quatre races prénommées du Levant ont réussi chez quelques éducateurs, plusieurs autres du même pays ont fait défaut. Parmi les races d'Italie, celles de la Lombardie, de Naples, de Brianza et autres, ont trompé également nos espérances; en revanche, celles de Toscane, de Romagne, de Calabre et des marches d'Ancône, ont donné des produits satisfaisants, mais toujours avec plus ou moins de vers infectés de gattine. Dans cette position, les négociants qui ont pu apprécier l'impression populaire favorable aux nouvelles graines du Levant, impression qui mériterait d'être sérieusement étudiée, ont envoyé sans retard des agents dans l'Orient, pour y faire faire sous leurs yeux de la graine en grande quantité. On cite, en ce moment, des entreprises de ce genre établies sur une échelle plus étendue même que celles qui avaient été instituées dès le début en Italie. S'il est vrai de dire que quelques contrées du Levant et quelques cantons ultramontains ont donné de bons résultats, le mécompte sur les graines d'Italie a paru plus considérable par suite de la plus grande quantité qui en a été importée en 1857. Voilà pourquoi les masses, toujours fascinées par la nouveauté, ont témoigné hautement leur préférence pour les œufs du Levant ; l'intelligence des commerçants a compris cette manifestation, comme elle avait compris celle qui s'était déclarée en 1850 en faveur des graines transalpines. Cette préférence pour ce dernier produit, que l'agriculteur trouvait à acheter à prix modique, procura à la France une augmentation sensible de nos récoltes séricicoles ; les résultats avantageux obtenus par ces premières importations engagèrent même les ouvriers citadins à devenir magnaniers. Bientôt cette fureur, comprise par les producteurs étrangers, nous attira une quantité de graines de toutes provenances, en colis plus ou moins exposés aux dangers de la fermentation ; la production des graines françaises disparut en quelques années, et dès ce moment le fabricant étranger, sans concurrence sur les lieux de consommation, n'eut d'autre préoccupation que celle d'obtenir une quantité d'œufs assez importante pour répondre à tous les besoins. Malgré la production extraordinaire des graines, qui aurait dû enlever aux fabriques de soie une masse de cocons, la quantité des soies italiennes n'avait pas été moindre que celle des années antérieures ; l'avidité de quelques-uns de ces entrepreneurs avait été poussée au point qu'ils employaient à la confection des œufs de vers à soie les chiques et tous les cocons de rebut, qu'ils économisaient un mâle dans l'accouplement de deux femelles, et que toutes sortes de graines étaient achetées et mêlées sans autre intention que celle d'exporter des quantités supérieures à celle des années précédentes. L'immixtion du commerce dans cette branche agricole, jointe à tous les écueils auxquels exposent la cupidité et l'inexpérience, s'est fatalement manifestée avec le malaise végétal déclaré vers 1853 : telle paraît être la source de notre déplorable situation séricicole.

D'après tous les renseignements que nous avons pris sur les lieux, et reçus de diverses contrées, le ver du pays paraît résister le mieux, acclimaté qu'il est, soit à l'endroit des vicissitudes atmosphériques, soit sous le rapport de l'alimentation.

Affranchies des périls susénoncés, les graines indigènes, dorénavant mieux soignées, paraissent étre encore l'espérance de nos agriculteurs. Cette conviction profonde nous porte à nous demander sur quoi est basée la confiance qu'on paraît avoir aux graines du Levant, pour la prochaine récolte de 1858.

Dès les premières années de l'introduction des graines italiennes, tous les éducateurs en général s'en louaient ; on obtenait souvent des produits fabuleux ; il s'ensuivit même que la production des cocons augmenta de plus d'un tiers de 1848 à 1853. En est-il de même des graines de l'Orient, sous le rapport du rendement ? Quelques-unes n'ont rien produit, quelques autres ont réussi, mais très-rarement en a-t-on obtenu une récolte aussi abondante que des œufs d'Italie. Certes nous ne manifestons aucune préférence pour l'une ni pour l'autre de ces provenances étrangères ; ce n'est pas là notre but : nous voulons établir que le manque de récoltes de cocons, depuis environ quatre ans, tient notamment aux conséquences de l'avidité commerciale, à la trop facile crédulité de l'agriculteur et à quelques influences atmosphériques ; nous voulons dire encore que, si la mauvaise qualité des graines d'Italie, qui étaient très-bonnes en principe, est provenue en grande partie de l'agglomération et même de la fermentation des masses expédiées[1], de la concurrence des fabricants, de l'emploi des cocons de rebut, etc., pourquoi n'y aurait-il pas lieu de voir intervenir les mêmes causes avec l'importation des produits orientaux ? Les distances à parcourir sont plus grandes, les climats offrent par rapport à la France des différences plus sensibles qu'avec l'Italie, et la gattine, qui ne s'est déclarée sur les produits transalpins que cinq à six ans après leur introduction en France, a été remarquée cette année sur la plupart des graines du Levant qui ont réussi plus ou moins. Nous pouvons ajouter que les cocons provenant de graines d'Italie produisaient, dès les premières années, des papillons très-robustes, dont les œufs donnaient fort souvent des résultats remarquables ; plusieurs de ces races acclimatées peu à peu ont déjà pris une partie des caractères extérieurs des cocons du pays, et sont confondues malheureusement avec la race indigène, tandis que les éducateurs qui ont tenté en 1857 la ponte avec les cocons du Levant ont été arrêtés par l'état chétif des générateurs et de leurs produits.

Nous croyons avoir démontré les désastres qui menacent nos récoltes prochaines, si nous n'abandonnons au plus tôf cette tendance fatale qui nous entraîne vers les produits

---

[1] On cite un arrivage de graines étrangères qui a eu lieu à Marseille vers la fin de l'hiver 1857, dans lequel une partie des œufs, celle qui touchait les parois de l'emballage, est éclose par l'effet de la fermentation intérieure, malgré l'abaissement de la température.

exotiques. D'après les renseignements généraux, il y a eu en 1857 un quart de récolte ordinaire en cocons ; mais, si nous calculons qu'il a été mis à éclore près du double d'œufs des années précédentes, on pourrait dire que, sous le rapport du rendement des œufs, elle n'a été que d'un huitième. Nous avons déduit les raisons de cette différence au sujet de la gattine ; l'altération qui depuis trois ans s'était montrée plus ou moins sur le mûrier, par suite de la surabondance des pluies du printemps, a été moins prononcée en 1857, circonstance qui peut avoir amélioré la santé du ver indigène, et partant avoir donné de meilleurs produits. Un certain degré d'influence épidémique ne pouvant être contesté dans son action soit sur les végétaux, soit sur les vers à soie, il s'ensuit nécessairement qu'un ver acclimaté a moins à souffrir d'un accident quelconque que le ver exotique, tolérant beaucoup moins bien un climat qui n'est pas le sien, et une qualité de feuilles à laquelle il n'est pas encore habitué. Il est peu de pays où la taille du mûrier s'exécute comme on la pratique dans les départements du midi de la France. Pour avoir une feuille plus abondante et plus vigoureuse, on a greffé sur sauvageon le mûrier blanc, dont la feuille est grande, épaisse, séreuse, celle enfin qui paraissait devoir procurer au ver une nourriture plus substantielle. Pour augmenter encore la production, on a admis en moyenne une taille bisannuelle, qui consiste à laisser beaucoup de branches à l'arbre, et à ravaler tous les rameaux de $0^m,08$ ou $0^m,10$ centimètres au-dessus de la taille précédente. La feuille qui résulte d'un système pareil est aqueuse, consistante, épaisse, conditions pernicieuses pour les vers à soie, qui ont surtout à redouter, sous ce rapport, l'exubérance de la sève et de l'humidité. La digestion peu facile de ces feuilles exige de la part des vers un tube intestinal habitué de longue date. Il conste que, lors de la première importation des graines de l'espèce *bombyx* dans nos contrées, le ver à soie rencontra chez nous des conditions beaucoup plus favorables que celle qui lui ont été faites dans ces derniers temps. La race que nous appelons indigène fut apportée d'abord de la Chine dans le Japon, de là en Grèce, puis en Italie, en Espagne et ensuite en France. Cette transmission s'opéra graduellement et prépara efficacemment l'acclimatation du ver à soie, autant sous le rapport de la température que sous celui de l'alimentation, bien que la feuille du mûrier de la Chine diffère essentiellement de celle du nôtre, si nous en jugeons par quelques sujets du *morus Japonica* qui nous ont été apportés depuis peu. Nous avons remarqué qn'à cette époque les graines nous arrivèrent non-seulement par étapes, comme nous venons de l'énoncer, mais par petites quantités, moins sujettes à l'altération, tandis que celles qui sont importées aujourd'hui nous parviennent directement de Chine et de Turquie, par colis plus ou moins volumineux, et de plus dans une circonstance où le règne végétal a eu à lutter contre une fâcheuse disposition épidémique. Dans cet état, le ver arrivant dans nos contrées aurait besoin d'une nourriture plus convenable, ou si l'on veut plus facile à digérer, renfermant plus de substance alibile sous le même volume. Nous en avons une preuve dans les rendements de 1857. En général, les départements de Vaucluse, du Gard, des Bouches-du-Rhône et du Var, paraissent n'avoir eu qu'un quart d'une récolte ordinaire de cocons, tandis que dans la partie nord de la Drôme, dans l'Ardèche et dans l'Isère, on en aurait obtenu un tiers.

Ne pourrait-on pas attribuer cette différence à la nature de la feuille, provenant en grande partie de la méthode adoptée pour la taille du mûrier? En effet, au lieu d'une taille bisannuelle pratiquée à huit ou dix centimètres, comme elle s'effectue dans les premiers départements cités, on se contente de faire un émondage intelligent tous les ans ou tous les deux ans; l'air circule ainsi plus facilement dans l'arbre, la sève a un parcours plus long à faire pour arriver à la feuille, qui la reçoit par ce fait dans un état plus liquide et partant plus nourrissant. Toute judicieuses que paraissent ces raisons, il se pourrait que, dans des circonstances ordinaires et à des époques moins calamiteuses, l'observation des faits nous conduisît à des résultats tout différents; car, en matière de bombyciculture, comme dans toutes les branches de la science biologique, rien n'est plus variable que les rapports qui lient la cause aux effets, de manière à dérouter les calculs les mieux établis. L'homme le plus patient, le praticien le plus habile, le savant le plus consommé, ont eu plus d'une fois à éprouver, à l'endroit des vers à soie, des contre-temps décourageants. La conviction du devoir et le spectacle d'une calamité qui tend à s'aggraver ne font que rendre plus urgente la proposition que nous avons émise dans notre Mémoire du 26 septembre 1852. Nous la reproduisons ci-après, telle qu'elle a été présentée à la Société d'agriculture de Vaucluse; qu'on nous permette de dire que ce Mémoire, couronné d'une médaille d'or, n'en aurait été que plus honoré si l'on avait mis en pratique les conseils qui le constituaient, et dont on recueillerait probablement aujourd'hui tous les avantages.

Nous énoncions donc qu'il aurait été utile de former,

dans chaque société d'agriculture, une association de vingt à quarante membres, appelés à créer un établissement reproducteur de graines de vers à soie indigène, sur les bases suivantes :

1° L'association aurait été composée de membres de la société d'agriculture ou d'éducateurs, avec charge de verser chacun une somme de 100 à 200 fr. ou au-dessus;

2° Ce capital aurait été employé, pour la première année, 1853, à l'achat de cocons d'élite, pris parmi les anciennes races du pays qui ont conservé leur type. Dans celles de notre département, on aurait pu rencontrer, notamment à Pertuis, à Cadenet, à Venterol, à Sisteron, etc., des cocons de l'ancienne race grosse, jaune foncé, presque abandonnée, qui, malgré une longue succession de générations, n'ont éprouvé aucune altération ni dans leur vigueur, ni dans leur forme, et qui ont l'avantage d'être tout acclimatés;

3° A l'époque de la récolte, chaque membre d'une commission *ad hoc* aurait été chargé d'aller dans la localité la plus rapprochée de son domicile, pour y faire l'achat et le choix des cocons;

4° La confection de la graine aurait été confiée, sur la demande de la société et sous l'inspection d'une commission, à des religieuses non cloîtrées, telles que les Dames de Saint-Thomas-d'Aquin, ou celles du Bon-Pasteur. (On ne saurait oublier les services éminents rendus à l'art séricicole par les *femmes*, et surtout par celles qui sont *réunies en communauté* sous l'égide de la religion);

5° La société aurait delivré sous son cachet les graines à un prix qu'elle aurait déterminé;

6° Les bénéfices qui seraient résultés infailliblement de

la vente de ces graines, déduction faite des frais de course, des allocations et des intérêts, auraient été employés en première ligne à augmenter l'importance de cette production; ensuite à gratifier d'une certaine quantité de graines les éducateurs les plus pauvres et les plus intelligents; enfin à acquérir des animaux reproducteurs des races bovine, ovine, ou autres reconnues les plus utiles à l'amélioration agricole du pays, pour en disposer gratuitement ou à très-bas prix, etc.

Tout pratique que paraît ce projet, l'expérience nous a prouvé que, par le défaut d'encouragement et par les difficultés nées de circonstances indépendantes de la volonté, les cœurs même les plus généreux se trouvent paralysés dans leur action; d'où résultent l'hésitation et les lenteurs indéfinies qui, très-souvent, mettent obstacle à la réalisation du bien. Généralement aujourd'hui on préfère, à la voie de l'initiative spontanée, la faveur des subventions et des primes accordées par l'État; ce mode présente évidemment plus de facilité pour l'exécution. Le mal est, du reste, beaucoup plus profond et plus grave qu'en 1852; il réclame, par conséquent, l'application d'un remède efficace et très-prompt.

Nous avons suffisamment établi par des faits que nos désastres séricicoles provenaient :

1° De la non-acclimatation des vers étrangers, au point de vue soit de nos variations atmosphériques, soit de l'alimentation usitée;

2° Des altérations qu'éprouvent les œufs dans leur transport par l'effet de la pression, du manque d'air, d'un degré de fermentation plus ou moins avancée, et d'autres conditions fâcheuses déjà relatées ;

3° De la maladie dont les mûriers ont été atteints, de 1852 à 1856, laquelle a succédé aux pluies excessives des mois d'avril, de mai et de juin, et qui, faute d'un écoulement suffisant, ont dû altérer sensiblement les racines et partant la feuille des arbres ;

4° De la qualité de la feuille du mûrier blanc, qui, grossière, épaisse et trop aqueuse, paraît moins convenir à nos vers que celle du mûrier sauvage, renfermant une plus grande quantité de principe nutritif sous un moindre volume.

D'après cet exposé, il paraîtrait convenable et urgent :

1° Qu'on avisât aux moyens les plus prompts et les plus sûrs pour trouver et faire trier au besoin les cocons de la race indigène ; qu'une récompense honorifique et pécuniaire fût accordée aux éducateurs qui auraient obtenu la plus grande quantité et la meilleure qualité d'œufs de cocons du pays, en se conformant le plus exactement à un programme que publierait une commission établie dans chaque canton et choisie parmi les membres des comices ou sociétés agricoles de l'arrondissement ;

2° Qu'on assainît, au moyen du drainage, tous les terrains de plaine complantés en mûriers, à l'exception de ceux qui, par leur nature perméable, ne permettent pas aux eaux de vicier les racines ;

3° Que la plantation du mûrier sauvage fût fortement conseillée et récompensée, et qu'on ne se laissât pas arrêter par l'exiguité de la feuille et la difficulté de la cueillir : en choisissant, dans un champ de pourrettes, des sujets aux feuilles les plus larges et les plus rapprochées, on arrive à se procurer des variétés sauvages aussi belles que celles des mûriers blancs;

4° Que la plus grande partie des allocations faites par le ministère de l'agriculture fût dorénavant et jusqu'à nouvel ordre réservée au Midi :

Pour l'épuration des races de vers à soie du pays,

Pour le drainage,

Pour les plantations de mûriers sauvages.

DERNIÈRES CONSIDÉRATIONS

RELATIVES

AUX MOYENS D'ARRÊTER LA DÉGÉNÉRESCENCE DES VERS A SOIE

Août 1860.

D'après les données statistiques relatives aux productions sétifères des contrées qui élèvent en France les vers à soie, les départements du Var, de la Drôme, des Bouches-du-Rhône, du Gard et de Vaucluse, ont été les plus cruellement atteints par la gattine ; le Gard et Vaucluse sont désignés comme ayant été plus maltraités que les trois autres contrées ci-avant désignées, et comme ayant obtenu une récolte même inférieure à celle de l'an passé. Les Cévennes, le département de l'Isère, et surtout celui de l'Ardèche, ont donné des résultats supérieurs à ceux de 1858 et 1859 ; on a même observé, dans ces dernières contrées, que la maladie régnante dite *gattine, pébrine, rachitisme, atrophie*, a été remplacée par l'*hydropisie*, la *grasserie*, la *muscardine*, et autres affections accidentelles qui frappaient jadis nos races de pays. La présence de ces maladies anciennes nous paraît être d'un heureux augure pour l'avenir ; il est à supposer que la décroissance de la gattine doit apparaître, dans l'ordre des choses, d'abord dans les pays où le mal a commencé ses ravages, et que les moyens préventifs et curatifs présenteront alors seulement des chances de succès. L'établissement public d'essais de graines de vers à soie qui se crée en ce moment au chef-lieu de Vaucluse se présente donc, pour la prochaine campagne, dans des circonstances favorables, surtout pour la *reproduction des graines de vers à soie de pays*, dont on devrait avant tout s'occuper de former la constitution des reproducteurs : je puise cette pensée dans les résultats des récoltes des années précédentes et de celle de 1860. Au moment où les produits de 1859 faisaient espérer une période décroissante du mal, où quelques départements se conservent dans cette voie d'amélioration, les départements du Gard et de Vaucluse, notamment, restent nonseulement stationnaires, mais ont donné des produits moindres qu'en 1859. Cependant, si l'établissement d'essai des graines de vers à soie qui existe à Avignon devait être plus spécialement utile à une contrée séricicole, c'était incontestablement au département de Vaucluse, dont les éleveurs, plus rapprochés de ce foyer d'expérimentation, devaient profiter des avantages que paraît présenter l'essai préalable des œufs. Cette nouvelle bizarrerie nous prouve une fois de plus qu'en matière de bombyciculture, comme dans toutes les branches de la science biologique, rien n'est plus variable que les rapports qui lient la cause aux effets, de manière à dérouter les calculs les mieux établis; mais, en consultant avec soin la graduation des rendements de nos divers départements séricicoles, nous trouvons que l'opinion que nous avons émise dans nos mémoires de 1852 et 1857, relatifs aux moyens d'arrêter la dégénérescence des vers à soie, acquiert plus de vraisemblance par les insuccès de 1860, qui nous autorisent de nouveau à penser qu'une des principales causes de la viciation de nos races de vers à soie provient de la qualité de la nourriture qui leur est administrée par le fait de la taille courte et bisannuelle auxquels sont soumis les mûriers dans les départements du Gard, des Bouches-du-Rhône, du Var et de Vaucluse notamment. Il est généralement reconnu que la plupart des propriétaires cherchent à obtenir par ce mode de taille une plus grande quantité de feuilles, sans s'inquiéter si elle contiendra des sucs nutritifs assez abondants pour que le ver y prenne une alimentation assimilable et pourvue d'assez de principes soyeux pour arriver à bonne fin. On sait que la feuille de mûrier est composée : 1° de matière fibreuse, partie coriace de la feuille qui sert de véhicule aux substances nutritives; 2° de matières aqueuses, dont l'excès est d'autant plus nuisible que le ver à soie n'a d'autres moyens de les exhaler que par la transpiration; 3° de matière sucrée, seule partie nutritive de la feuille, et enfin de substances résineuses qui constituent le principe de la soie : ici la quantité est bien loin de pouvoir suppléer à la qualité. Ainsi plus les principes sucrés et résineux sont rapprochés dans la feuille de mûrier, plus le ver est robuste, croît rapidement et se trouve à l'abri des maladies accidentelles et d'épuisement, et partant de rachitisme. On ne pourra certainement pas contester que les produits obtenus de n'importe quelle race d'animaux sont toujours en raison de la qualité des aliments avec lesquels ils ont été nourris.

Nous persistons dans notre première opinion, émise à deux époques notables de la période croissante de la maladie, que, pour régénérer les races, il faut les meilleurs étalons, ou les moins mauvais, et rendre les pères robustes au moyen d'une alimentation de premier choix et en les tenant dans les conditions hygiéniques les plus favorables possibles. Pour aider efficacement les tendances favorables de la période décroissante dans laquelle sont entrés les départements voisins du nôtre, nous croyons qu'il conviendrait :

1° D'apporter tous les soins à la régénération des races indigènes : quel que soit le degré d'intensité de leur maladie, il sera toujours plus facile d'améliorer leur état que celui des races exotiques nouvellement introduites, et chez lesquelles nous aurions à combattre non-seulement les mêmes causes morbides qui, aujourd'hui, ont pénétré jusqu'en Chine, mais à lutter, soit contre les dangers de leur alimentation, soit contre la différence de leurs habitudes et de leur nourriture, soit aussi contre l'altération de leurs organes produite par la longueur de la traversée ;

2° De nourrir le ver destiné à la reproduction avec de la feuille de mûrier sauvage, non soumis à l'arrosage ; enfin avec de la feuille contenant beaucoup de matière nutritive et soyeuse, et une faible proportion d'eau et de matière fibreuse ;

3° De ne pas fumer les mûriers, et d'éloigner de leurs racines les mares d'eau et les fossés d'irrigation ;

4° D'assainir les terrains plantés en mûriers pour les débarrasser de la surabondance des eaux ;

5° La plantation des mûriers sauvages étant une opération à long terme, et difficile même à réaliser promptement sur une grande échelle, il conviendrait de faire adopter, par tous les moyens de publicité et d'encouragement dont dispose la Société d'agriculture, la taille du mûrier tous les sept à huit ans seulement, suivant la nature du terrain; la faire pratiquer au printemps plus ou moins longue, suivant l'état sec ou humide du sol, ainsi que suivant la température de l'année. On comprend que, sous l'influence d'une température ou d'un sol humide, on doit tailler plus long. Pendant l'intervalle de six à huit ans pour la taille, émonder l'arbre tous les deux ans seulement, ainsi qu'on le fait dans les départements de l'Isère et de l'Ardèche, mode de taille qui procure à la feuille une sève plus élaborée, qui la rend plus nutritive, et qui, par les mêmes causes, forme une soie bien supérieure à la nôtre;

6° De tenir le milieu des arbres élagué, très-ouvert, pour que le calorique et l'air absorbent plus facilement la surabondance des parties aqueuses;

7° Enfin de combattre les influences natives atmosphériques et contagieuses, par tous les moyens connus, et que nous avons détaillés en grande partie dans nos deux mémoires de 1852 et 1857.

En même temps que ces moyens d'amélioration sont poursuivis, on doit faire des plantations de jeunes mûriers sauvages, de mûriers moretti, de mûriers roses à fleurs étroites, et de *morus Japonica*. Si l'on nous objectait que, depuis un temps immémorial, le ver à soie mange dans nos contrées la feuille de mûrier blanc, et que ce n'est pas d'aujourd'hui que cet arbre est taillé court, de la même manière nous répondrions que, depuis douze à quinze ans seulement, la taille du mûrier, comme celle de tous les arbres, a subi des changements notables, et que, quant à la santé du mûrier, il y a une amélioration sensible. Avant cette époque, on taillait court, il est vrai, mais on n'ébourgeonnait pas les arbres; on leur laissait pendant quatre ou cinq ans les mêmes pousses en nombre

infini, on taillait sans discernement, on déchirait, on
écorçait ses branches. Chacun s'étonnait qu'un arbre fût
assez robuste pour supporter autant d'outrages en même
temps qu'on le dépouillait de ses feuilles ; et cependant ce
sont ces meurtrissures qui donnaient lieu à un arrêt salutaire dans le sens de l'élaboration de la sève. Vous trouviez
aussi à cette époque bon nombre d'arbres sauvages (souzin),
tandis qu'aujourd'hui l'exemple du voisin qui a des arbres
bien taillés et d'une végétation luxuriante a été suivi ;
chacun a rougi d'avoir des arbres rabougris, et si, d'une
part, l'amour-propre a forcé à suivre une taille pernicieuse pour les vers et favorable à l'arbre, on a été poussé
aussi dans cette voie par économie de temps, trouvant plus
favorable de faire la cueillette des mûriers taillés et ébour-
geonnés régulièrement. Nous nous résumerons en établissant
que Vaucluse est un des départements dont la récolte des
vers à soie a été le plus profondément atteinte, et qu'il en
est malheureusement ainsi depuis plusieurs années. On ne
saurait contester qu'il y a en cela une cause. Si nous croyions
pouvoir ajouter d'autres vices à celui de la taille meur-
trière de nos arbres, qui, au lieu de donner des feuilles de
mûrier convenablement nutritives, produisent bientôt, par
la quantité de leur sève, des feuilles épaisses comme les
laitues maraîchères, nous ne craindrions pas d'accuser la
facilité avec laquelle notre caractère méridional se décou-
rage, et le peu de précautions qui sont prises contre l'influence contagieuse de la gattine. En effet, les nombreux
revers qu'éprouvent nos chambrées de vers, depuis longtemps, nous surexcitent, et, au lieu d'appliquer la vivacité de
cette impression à des soins plus assidus et réclamés par
l'état maladif des vers, la plupart de nous les négligent, soi-

gnent ceux qui paraissent bien marcher, et taxent de *jamais bon à rien* ceux qui présentent des caractères épidémiques. Sous ce rapport, l'essai public et gratuit des graines sera de nature à modifier cette facile tendance au découragement. Il faut aussi reconnaître que, depuis la disparition de la muscardine, dont on redoutait à juste titre le contact des sporules, on a été généralement dans la fausse croyance que la pébrine ne présentait pas les mêmes influences contagieuses : les sporules d'une maladie congéniale aussi tenace que la gattine, provenant d'un profond épuisement, sont beaucoup plus dangereuses et plus abondantes que celles d'un mal accidentel comme la muscardine.

ÉDUCATION

DES VERS A BOURRE DE SOIE

(VERS A SOIE DE L'AILANTHE ET DU RICIN)

INTRODUCTION

Depuis deux ans seulement, les feuilles publiques, non
agricoles surtout, se sont vivement occupées du ver à soie
de l'ailanthe et des résultats sérieux qu'il pourrait procurer
tôt ou tard. M. Guérin-Méneville, savant entomologiste,
a adressé à l'Empereur, à ce sujet, un rapport qui a frappé
les esprits curieux ; plusieurs se sont empressés de faire
des plantations de mûriers du Japon dans diverses contrées
de la France. D'après les aperçus qui ont été remis par
M. Méneville, ce *bombyx* paraît avoir bien réussi dans
l'Aube et dans l'Indre-et-Loire surtout. Quelques essais ont
été tentés dans le Midi ; ils ont été couronnés de peu de
succès. Toutefois la décroissance de nos productions en
soie et en laine doit nous engager à persévérer dans ces
essais, pour doter notre production méridionale d'une matière textile appelée à former une nouvelle industrie agricole et manufacturière ; ce produit serait d'autant plus
précieux, que sa culture réclame peu de capitaux, peu de
travail, et présente pour les amateurs un sujet de distrac-

tion et un ornement qui n'est pas à dédaigner, surtout quand le ver est à sa dernière période.

Nous avons reçu dans le temps, de M. Méneville, une certaine quantité d'œufs de ver du ricin; quelques-uns seulement arrivèrent à bon port. Les inconvénients inhérents aux éducations successives, les difficultés de les nourrir pendant l'hiver, et l'obligation de les tenir dans une serre depuis le mois de novembre jusqu'au mois de mai, nous avaient fait apprécier cette éducation comme une industrie impraticable dans nos pays.

Un de nos amis, filateur à Carpentras, avait essayé comme nous l'éducation de ces deux espèces de vers, et n'en avait pas obtenu des résultats plus encourageants.

D'après le rapport et les calculs à l'appui présentés à l'Empereur, nous ne devons plus douter que le ver de *l'ailanthe* ne devienne tôt ou tard une véritable industrie agricole.

Nous essayerons de donner succinctement une notice sur l'origine de ces deux vers sétifères, dans les différences qui les distinguent et sur leur éducation.

Dans un rapport inséré dans le *Bulletin de la Société zoologique d'acclimatation* de septembre 1854, M. Guérin-Méneville, à qui l'on doit l'introduction en France des vers à soie du ricin et de l'ailanthe, désignait celui du ricin sous le nom de *bombyx cynthia*. Ce n'est qu'en 1858 que ce savant naturaliste, recevant des œufs du ver de l'ailanthe, s'est aperçu de la différence qui existe entre ces deux variétés, et il a appelé le ver du palma-christi *bombyx arrindia*, et celui du vernis du Japon *bombyx cynthia*. Le ver à soie du ricin est originaire de l'Inde; il a été importé de l'Inde à Calcutta, de Calcutta à Turin, et de Turin

en Fruace. La promptitude avec laquelle ce bombyx
accomplit ses diverses phases, le peu de temps que la
chrysalide met pendant toutes les saisons de l'année à se
transformer en papillon, ne pouvaient permettre son introduction en France qu'au moyen de ces deux étapes. Cette
variété, qui a l'inconvénient de se reproduire toute l'année,
même pendant le froid le plus rigoureux, aurait réclamé
la culture du palma-christi en serre, pour conserver la
race en hiver; on aurait suppléé à l'inconvénient de la destruction des ricins par les premières gelées, en les rem-
plaçant par des feuilles de chardon, de scorsonère, et de
beaucoup d'autres plantes, les *bombyx arrindia* et *cynthia*
étant polyphages; on pourrait aussi donner cette même
qualité au *bombyx mori*, qu'on parvient à nourrir aussi
plus ou moins complétement avec plusieurs végétaux, jusqu'à la troisième mue.

Les vers du ricin et de l'ailanthe, quoique très-voisins
d'espèce, présentent, d'après les sujets que nous avons
sous les yeux, des caractères assez distincts, soit par les
œufs, qui sont de grosseur et de couleur présentant quelques différences; soit par les cocons, dont les uns, ceux
de l'*arrindia*, sont roux, et ceux du *cynthia*, gris de lin.
Le papillon du *cynthia* est légèrement plus grand, son
ventre est jaunâtre, tandis que celui de l'*arrindia* est blanc
sale; mais la différence la plus marquée et la plus importante est celle qui existe dans les époques de reproduction.
Le ver du ricin se reproduit sans interruption pendant
toutes les saisons; il est originaire de l'Inde : celui de
l'ailanthe, d'origine chinoise, ne donne que deux générations dans la saison estivale, et les cocons de la deuxième
récolte restent inactifs pendant l'automne et l'hiver. On

fait coïncider les deux éducations du *cynthia* avec les deux mouvements de sève de l'ailanthe. Nous nous bornerons donc à donner le mode d'éducation de cette dernière variété, dont le produit est reconnu supérieur à celui du ver du ricin. Toutefois les caractères généraux de ces deux vers étant à peu près identiques, nous reproduisons au sixième âge du *cynthia* la figure du *ver du ricin*, qui, à cette époque, est conforme au ver de l'ailhante, et, à sa huitième période, celle du *papillon du même ver*, qui ne présente aussi qu'une très-légère différence avec celui de l'ailanthe.

Quoique le *bombyx cynthia* soit désigné sous le nom de ver à soie, on ne doit pas exagérer l'importance de sa valeur : ses cocons étant naturellement ouverts par un de ses bouts, il devient impossible de les dévider quand on les place dans la bassine ; ils se remplissent d'eau et se précipitent au fond. En attendant que l'industrie trouve un moyen d'obvier à cet inconvénient majeur, on traite les cocons du *cynthia* comme ceux du ver à soie ordinaire percés par le papillon : on les carde, et on en obtient une *bourre de soie* conforme à celle des cocons du *bombyx mori*, dont on forme une sorte de filoselle lustrée et de couleur gris de lin ; le tissu en est même très-supérieur, car en Chine on en trouve des étoffes et des habits impérissables, qui se transmettent du père au fils.

PREMIÈRE PÉRIODE

—

INCUBATION

Les œufs qui ont été produits sous une température de 18 à 20 degrés seront immédiatement transportés dans un appartement ou un grand placard aéré, à une température graduée de 22 à 25 degrés. L'humidité atmosphérique est plus indispensable pour l'éclosion de la chenille de l'ailanthe que pour celle du mûrier; elle doit constamment indiquer 90 degrés à l'hygromètre. On l'obtiendra aussi en plaçant un vase plein d'eau bouillante sur le poêle de fonte ou *de poterie, de préférence.*

Si, nonobstant l'humidité procurée par l'évaporation de l'eau, l'éclosion n'avait pas lieu promptement, il conviendrait de faire tremper les œufs dans de l'eau pendant trois à cinq minutes, et, en les retirant de l'eau, de les placer sous une cloche en verre et recouverts de feuilles d'ailanthe: dans cet état d'humidité extrême, le ver éclot rapidement. J'ai renouvelé pendant trois jours cette opération, et, après ce laps de temps, il n'est resté aucun ver non éclos.

On laissera ces œufs contre le linge, et, à défaut, on les placera sur des planchettes ou dans des carrés de papier, à 0^m,003 ou 0^m,004 d'épaisseur.

Après une dizaine de jours, l'éclosion aura lieu.

DEUXIÈME PÉRIODE

—

PREMIER AGE

Dès que les vers sont éclos, on les laisse dans la même salle d'éclosion, à une température de 25° environ. Donnez aux vers naissants les feuilles d'ailanthe les plus tendres, au moyen desquelles vous les séparez des œufs non éclos; au lieu de placer des feuilles d'ailanthe garnies de vers sur les claies, comme on le pratique pour le ver à soie, faites fabriquer une large caisse en zinc, d'une capacité relative à la quantité de vers que vous voulez élever. Cette caisse, de $0^m,25$ de profondeur, est fermée par un couvercle en zinc ou en bois percillé de trous de $0^m,05$ de largeur, et distancés à $0^m,15$ l'un de l'autre. La caisse est remplie d'eau à $0^m,22$. Placez dans chacune des ouvertures du couvercle trois à cinq bourgeons terminaux d'ailanthe, de $0^m,40$ de longueur environ; c'est sur ces sortes de bouquets de feuilles, conservées fraîches au moyen de l'eau, que vous posez les feuilles garnies de chenilles. Ces petits vers ont une couleur grise en naissant; vers la fin du premier âge, qui dure six jours suivant la température, la tête reste noire et le corps prend une teinte légèrement jaunâtre, portant seize points noirs et une tache transversale sur le premier anneau du corps, après la tête.

TROISIÈME PÉRIODE

—

PREMIÈRE MUE

DEUXIÈME AGE

Les vers de l'ailanthe, que nous désignerons, pour être dans le vrai, sous le nom de vers à bourre de soie, subissent, comme les vers à soie véritables, quatre mues ; ils restent aussi, comme ces derniers, pendant trente-six heures en moyenne, dans un état d'engourdissement qu'on a appelé improprement *sommeil*. Vers la fin de leur maladie, ils relèvent aussi la partie supérieure de leur corps pour faciliter la rupture et la séparation de leur peau, qu'ils ont eu le soin de fixer au moyen de la *bave* contre la feuille ou contre le corps quelconque sur lequel ils effectuent leur maladie.

Un avantage considérable des vers à bourre sur les vers à soie, c'est que, destinés à vivre en plein air, il n'est pas indispensable de les égaliser. Une fois sur les arbres, il y a à vivre pour tous, et le gros ne peut nuire au petit.

Si les bouquets d'ailanthe commencent à être rongés, il convient d'ajouter quelques tiges dans chaque trou, et même d'agrandir ceux-ci à cet effet, pour qu'il y ait suffisante alimentation.

Le deuxième âge dure de cinq à six jours, suivant la nourriture consommée et la chaleur de l'appartement.

Après avoir quitté la première peau, le ver à bourre change graduellement de couleur : sa tête devient jaunâtre, son corps jaune ; sa longueur est de $0^m,1$ environ. Il a sur le premier anneau une plaque noire, ainsi que différents points noirs sur le corps.

QUATRIÈME PÉRIODE

—

DEUXIÈME MUE

TROISIÈME AGE

C'est après la seconde mue que les Chinois transportent leurs vers à bourre sur les taillis d'ailanthe ; en France, où la température est plus variable, si la régularité de la saison et la chaleur laissaient à désirer, on laisserait effectuer encore ce troisième âge dans la magnanerie, où la chaleur devrait être de 25 degrés. Quelques tiges d'ailanthe, garnies des feuilles les plus tendres, seraient ajoutées aux bouquets. C'est à son troisième âge que la chenille à bourre de soie prend la couleur blanche et que son corps se couvre d'un duvet ou vernis blanchâtre et imperméable, qui garantit son corps des effets nuisibles de la rosée et de la pluie.

Le ver a acquis près de 0^m02 de longueur, et terminera sa quatrième période en cinq jours.

—

CINQUIÈME ET SIXIÈME PÉRIODES

—

TROISIÈME ET QUATRIÈME MUES

QUATRIÈME ET CINQUIÈME AGES

Après que les vers auront quitté leur seconde peau et qu'ils seront un peu remis de leur fatigue, on prendra des tiges d'ailanthe garnies chacune de vers, et on les posera ou on les fixera sur une ailanthe ou sur une de ses branches garnie d'assez de feuilles pour nourrir les chenilles contenues sur la tige; c'est ainsi en plein air que notre ver à bourre terminera ses dernières phases, jusqu'à sa transformation en chrysalide.

Mieux vaut évaluer la nourriture qui existe sur l'arbre comme insuffisante que de s'exposer à mettre trop de vers, qui, faute de nourriture, périraient d'inanition; cette évaluation est une question fort importante. Il convient aussi d'éloigner les oiseaux et les insectes au moyen d'épouvantails, d'amoindrir les ravages des guêpes et des grosses fourmis par des pots et des bouteilles remplis d'eau miellée.

—

SEPTIÈME PÉRIODE

SIXIÈME AGE

—

COCONAGE

Dès que le ver à bourre s'est débarrassé de toutes les matières fécales et liquides que son corps contenait, il fixe les bases de son cocon à plusieurs folioles solidement reliées avec les fils de sa bourre, afin de les mettre à l'abri de toutes les intempéries.

Parvenue à son cinquième âge, la chenille de l'ailanthe a atteint une longueur de $0^m,04$; la couleur de son corps est d'un vert foncé et l'extrémité des tubercules passe graduellement au bleu foncé.

Comme le ver à soie, le ver à bourre a aussi sa *fraize*, c'est-à-dire un grand appétit, qui dure pendant vingt-quatre ou quarante-huit heures, suivant les quantités de nourriture qu'on lui a distribuées; il acquiert alors une longueur de 0^m06 à 0^m08, suivant la nourriture qu'il peut prendre, et son corps reprend alors sa couleur primitive de vert jaunâtre.

Destinée à passer dix à douze jours dans son cocon sans manger, la chenille est prévoyante : elle mange voracement deux jours avant de s'emprisonner, et, pour ne pas s'exposer à salir sa dernière demeure, elle se vide de tous ses excréments, comme le ver à soie, la veille de sa réclusion. Ces deux périodes durent de neuf à douze jours, suivant la chaleur et la nourriture consommée.

A l'expiration de ce délai, dès que la chrysalide est formée, on décoconne, en enlevant la bave qui entoure les cocons et en les étendant sur des claies exposées à l'air.

HUITIÈME PÉRIODE

—

CONFECTION DE LA GRAINE (ŒUFS)

ACCOUPLEMENT, FÉCONDATION ET PONTE

Pour élever le ver à soie de l'ailanthe, on ne procède pas comme pour celui du mûrier. Les œufs sont conservés pendant neuf mois sans danger d'éclosion ; la reproduction a lieu au moyen de cocons de la précédente éducation, dont les chrysalides de la seconde éducation se conservent vivantes et inactives dans leur enveloppe depuis le mois d'octobre jusqu'au commencement du mois de juin, suivant la température. On les conserve pendant tout ce laps de temps exposés à l'air et enfilés en chapelets conformes à ceux du ver à soie du mûrier. Il est facile de hâter ou de retarder l'éclosion des papillons de quinze jours à un mois, comme pour les œufs du ver à soie ordinaire, en exposant les cocons à une température plus basse ou plus élevée. Ainsi que le pratiquent les Chinois, on doit élever les vers de l'ailanthe dans l'appartement jusqu'à la seconde mue, et les porter ensuite sur les arbres ou arbustes en plein air. La première éducation a lieu du 15 mai au 15 juin. L'appartement dans lequel on doit tenir les cocons doit être chauffé plusieurs jours avant à 18 ou 20 degrés, pour que la chaleur soit égale partout. Au bout de quinze jours en-

viron, les papillons sortent de leur enveloppe. Il faut bien
se garder de mettre à cette époque de l'eau dans l'appartement, comme on le pratique dans les salles d'incubation
du ver à soie du mûrier, dans le but de ramollir l'enveloppe
des œufs. Cette précaution sera retardée jusqu'à l'époque
de l'éclosion des œufs. Chez le *bombyx cynthia*, au contraire, l'orifice par où sort le papillon est tout préparé : la
chrysalide a été assez prévoyante, en filant son cocon, pour
laisser une ouverture, qui ne présente aucun des inconvénients du cocon du ver à soie du mûrier. Celui-ci est
obligé de briser les fils de son cocon pour en sortir, tandis
que la chrysalide du *cynthia* se replie sur elle-même en
laissant une partie de sa dernière demeure non fermée, et
le papillon n'a qu'à se débarrasser de quelques tissus ba-
veux, sans être dans l'obligation de briser la continuité
du fil de soie; l'humidité donc serait de nature à faire
gonfler cette bave et à rendre la sortie du papillon plus
difficile.

Après une quinzaine de jours, les papillons sortent si les
cocons ont été tenus à une température de 20 degrés environ; ils cherchent immédiatement à s'accoupler. Pour
leur faciliter cette opération, on les place dans de grandes
caisses couvertes de toile métallique, à travers laquelle l'air
puisse pénétrer.

(Suit la figure.)

Après six à dix heures, tous les couples sont réunis, et on les place dans cet état dans d'autres caisses ou véhicules quelconques, recouverts d'une toile demi-fine contre laquelle les femelles déposent leurs œufs. L'accouplement dure environ vingt-quatre heures, et les femelles déposent leurs œufs peu d'instants après. Cette ponte dure deux à trois jours au plus. Si la température est tenue exactement de 20 à 25 degrés, chaque femelle pond moyennement 200 œufs, tandis que celles du ver à soie du mûrier en pondent 500 en moyenne.

Ainsi qu'on le pratique pour les œufs du ver à soie, on peut laisser ceux du cynthia contre le linge, ou les enlever au moyen d'un tranchant quelconque, après avoir humecté légèrement l'étoffe. Quand les œufs sont sur le point d'éclore, ils s'aplatissent légèrement, et leur couleur devient grisâtre.

DEUXIÈME ÉDUCATION

Nous avons déjà établi que le *Bombyx cynthia* pourrait, à la rigueur, faire trois éducations, mais que, pour ne pas s'exposer à des mécomptes, et surtout pour suivre l'exemple des Chinois, on devait les réduire à deux.

La première éducation, celle de printemps, a lieu au moyen des cocons de la récolte d'automne, qui se conservent facilement à l'état vivant dans un milieu aéré, et dont la température ne descend pas au-dessous de 12 degrés; on en fait des liasses de 500 grammes environ, et de la longueur de 0^m,75 environ, conformes à celles des cocons de vers à soie.

Vers le 1er juin, les cocons du ver à bourre seront mis à l'éclosion du papillon; du jour de la sortie de la phalène à la formation des cocons produits par ses œufs, il s'écoule environ soixante jours, ce qui porte aux derniers jours de juillet la fin de la première éducation.

Les cocons restant à cette époque dans une température de 20 à 22 degrés, la sortie des papillons aura lieu une vingtaine de jours après, ce qui portera au 15 octobre la fin de la seconde éducation, qui exige les mêmes soins et les mêmes précautions que la première, dont nous avons donné les détails.

CULTURE DE L'AILANTHE

Quelques sujets d'ailanthe (vernis du Japon) suffisent pour qu'on en soit bientôt encombré, à tel point qu'il serait peut-être plus utile d'apprendre comment on doit en débarrasser un champ quand il en est garni. Il se multiplie de lui-même par drageons très-nombreux; il pousse vigoureusement dans les terrains les plus secs et les plus ingrats; on le multiplie par les racines, qui, jetées dans le sol, produisent de nombreux sujets, ainsi que par boutures, par drageons et par semis. Donnons de l'extension à l'élevage du ver à bourre; les vers manqueront plus tôt que les ailanthes.

FIN

NOTE

SUR UNE ÉDUCATION DE VERS DE L'AILANTHE

(Métis *B. cynthio-arrindia* ou *arrindio-cynthia ?*)

CONDUITE PAR **M. C. PERSONNAT**

Secrétaire de la Société des sciences naturelles de l'Ardèche

——

(**Présentée à cette Société dans sa séance du 4 juillet 1861.**)

————

Comme complément à notre Notice sur le ver à bourre de soie, nos lecteurs liront avec plaisir et profit les intéressantes observations qui nous ont été transmises par M. Personnat, secrétaire de la Société des sciences naturelles de l'Ardèche, chez qui nous avons vu plusieurs ailanthes couverts de *bombyx cynthia*, à l'état de ver et à l'état de cocon.

MESSIEURS,

J'ai quelques mots à dire sur mon éducation des vers de l'ailanthe, que m'a envoyés la Société impériale d'acclimatation, et dont vous avez les magnifiques résultats sous vos yeux.

Dans le tube que j'ai gardé pour mon expérience personnelle, j'avais environ 180 à 190 œufs ou graines. Abandonnés à la température ordinaire, 160 environ sont éclos;

10

j'en ai laissé périr de faim , par ma faute, le jour de l'éclosion, une quarantaine ; il m'en restait donc à peu près 120.

Je les ai presque constamment tenus au grand air, et, dès leur sortie de la première mue, ils ont supporté bien souvent, sur ma fenêtre, le soleil, le vent et la pluie, enfin toutes les variations de la température, sans en être aucunement incommodés. Ils savent, d'ailleurs, se protéger eux-mêmes, car ils semblent aimer à se grouper en famille à la face inférieure des feuilles, et s'y cramponnent solidement aux nervures ; aussi n'en tombe-t-il qu'avec la feuille, lorsqu'elle est rongée à la base par un autre ver, sans qu'ils s'en aperçoivent.

Je considère donc cette éducation comme faite réellement en plein air. Eh bien, Messieurs, depuis leur naissance, j'en ai perdu 2 par suite de maladie ; 3 se sont perdus, égarés, et il m'en reste encore 115. Ce résultat est donc aussi satisfaisant que possible, et il doit être acquis désormais, selon moi, que l'acclimatation dans notre pays ne présente pas la moindre difficulté.

Si je n'ai point encore voulu les abandonner sur un arbre, c'est pour les soustraire uniquement à la voracité des moineaux, qui habitent toujours en grand nombre le voisinage des villes ; mais, comme ils ont trouvé sur ma fenêtre les conditions de température qu'ils auraient supportées sur un arbre, l'expérience me paraît, dès lors, suffisamment concluante.

La crainte que j'ai eue, la seule qu'on puisse avoir, ne serait pas à redouter, si l'on faisait l'expérience en grand, sur un coteau, par exemple ; car, dans les campagnes de l'Ardèche, à cause de la grande sécheresse du sol en été, on ne voit que très-peu de petits oiseaux.

D'après les calculs faits par M. Guérin-Meneville, chaque femelle de *bombyx cynthia* pond, en moyenne, 250 œufs, et il en faut 15,000 pour une once (moitié moins que pour le ver du mûrier).

En admettant que j'aie soixante femelles productives, ces quelques vers me produiront donc une once de graine.

Sans doute, la finesse du fil un peu moins grande et la difficulté provisoire de faire avec ces cocons de bonne soie grége les mettent bien au-dessous de ceux du mûrier; mais, cependant, à l'avantage de vivre presque sans frais et sans peine en plein air le ver de l'ailanthe joint celui d'arriver à sa fin sans être atteint par la maladie. J'ajouterai que les cocons de ces derniers, se trouvant percés naturellement, ne perdent point, comme ceux du mûrier, de leur valeur intrinsèque, quand on a laissé éclore le papillon pour faire grainer.

Je dois ajouter quelques renseignements à la note qui précède :

Presque tous mes vers ont fait leur cocon le vingt-huitième ou le vingt-neuvième jour. Plus des trois quarts sont actuellement en chrysalide, et il n'en est pas mort un seul depuis le 7 juillet.

Ce qui prouve encore, d'une manière irréfragable, combien cette espèce est robuste et peu impressionnable par les variations de l'atmosphère, c'est qu'en ayant lâché une vingtaine sur un arbre en plein air, dès le 12 juillet, ils ont traversé, sans être incommodés, les dix-huit heures d'orage, de tempête et de pluie torrentielle, de la journée du 15. Aucun d'eux n'est tombé de l'arbre; je les ai tous vus dévorer tout le jour la feuille ruisselante, et deux ont commencé, pendant la pluie même, à préparer leur réseau soyeux, puisqu'ils ne se roulent complétement dans la feuille que pendant la nuit.

Privas, le 18 juillet 1861.

TABLE

ÉDUCATION DES VERS A SOIE

ÉDUCATION DES VERS A BOURRE DE SOIE